城市与建筑的人文悦读

左琰　主编

中国建筑工业出版社

图书在版编目（CIP）数据

城市与建筑的人文悦读 / 左琰主编 . — 北京：中国建筑工业
出版社，2015.1
ISBN 978-7-112-17675-5

Ⅰ.①城…　Ⅱ.①左…　Ⅲ.①建筑学—文集　Ⅳ.①TU-53

中国版本图书馆CIP数据核字（2015）第015890号

责任编辑：滕云飞
责任校对：刘　钰　陈晶晶

城市与建筑的人文悦读

左琰　主编

＊

中国建筑工业出版社出版、发行（北京西郊百万庄）
各地新华书店、建筑书店经销
北京京点图文设计有限公司制版
北京顺诚彩色印刷有限公司印刷

＊

开本：787×960毫米　1/16　印张：12¾　字数：284千字
2015年6月第一版　2015年6月第一次印刷
定价：29.00 元
ISBN 978-7-112-17675-5
　　　　（26917）

前言

5 年前我新开设了一门面向建筑本科生的选修课——旧建筑再生设计策略，结合自己的研究方向和丰富的国内外实例考察体验，通过对国内外经典文献和建成案例的深度阅读和剖析，为年轻学生搭建一个了解城市历史、社会文化、建筑遗产保护利用的平台，引发学生重新思考他们所处的城市周遭环境，唤起对城市历史的记忆和美好家园的憧憬。

本书由 2011—2013 年三届学生作业精选集结而成，根据作业要求，除了每人在推荐的 8 本书中任选一本写出读后感外，还要从上海市政府认定的 64 条永不拓宽的历史街道中选择一条去走访体验，并完成一张 A3 图纸的钢笔画。对于建筑教育来说，经典阅读在任何时代都是学生开拓专业视野、提高文化素养、建立正确人生观和价值观的必要手段，尤其是处于低年级向高年级转变的过渡期学生，在专业学习和成长道路上往往有

着不少困惑，而这些困惑可以通过有质量的阅读得以排解。因此课程精选了 8 本好书要求学生选择性阅读，并在课堂上交流分享读后心得，这种教师组织、学生互学的方式激发出了学生强烈的学习热情和参与度，取得了意想不到的教学效果。

8 本推荐文献考虑了专业领域、出版年份、作者背景、文章体裁等各种因素，具有以下几个特点：首先，文献涉及的领域较全面，分为城市、街道、建筑三大方面；其次，文献出版年份跨度大，从 19 世纪中叶到几年前均有，完成了近代到当代的跨越式覆盖；再次，作者背景多样化，这些书目中既有本地作家及在欧洲生活十年以上的海归，也有来自英、美、日等国的学者专家和建筑师，确保了文献多元化的立场和态度；最后，文献体例多样化，不同的文献体例有着不同的阅读难度，适合不同阅读需求的学生。通常理论文献专业性强，但文字往往抽象凝练，

不易理解，适合领悟力较高的学生，而以文学作家和记者为背景的作者常常以大众普遍能接受、喜闻乐见的写作方式来讲述一个个城市和建筑的历史故事，有散文式、书信式、故事式等，阅读感较强。

作业入选有两个条件：一是学生要有独立的观点和感悟，二是街道钢笔画要有特色。钢笔画内容未必与文章有密切的关联，但线条中蕴含的情感和对街道的独特视角成为自己文章最有力的注脚。入选文章尽管有些观点比较粗浅，有些钢笔画笔法也比较稚嫩，但这并不妨碍它们将学生内心的真实想法和观点全面展现出来，回顾和编辑这些文章，仿佛又与富有朝气的学生们来了一番心灵对话，他们的所感所想化为朴实细腻的语言缓缓地流淌于笔端，为同龄人、教师乃至社会大众更好地了解他们的内心思想做了很好的铺垫，这也正是本书的意义所在。

本书的出版离不开大家的共同努力，感谢出版社徐纺老师、滕云飞编辑对本书的大力支持和帮助，也感谢研究生张开屏为此书出版包括作业筛选、文字编辑到初步排版付出的大量辛劳，还要感谢每位入选学生出色的作业表现，最后要感谢所有选课学生，你们对课程的兴趣和投入，将成为课程不断完善和未来发展的强大动力。

本书为编者多年教研结合的成果之一，获国家自然科学基金（项目编号 51278341）的资助出版。

2014.6 于同济园

目录

城市

新共生思想 1

美国大城市的死与生 2

穿墙故事——再造柏林城市 3

4　永不拓宽的街道

5　街道的美学

1 新共生思想

［日］黑川纪章
译 覃力
中国建筑工业出版社，2009 年 7 月

　　《新共生思想》一书的作者黑川纪章是日本著名的建筑师，他的很多建筑作品如国立民族学博物馆、广岛市现代美术馆、澳大利亚墨尔本中心、吉隆坡新国际机场、荷兰梵·高美术馆等等，在日本国内和国际上都有一定的声誉。他获得过美国、英国、法国等国家的政府和建筑协会的嘉奖、授勋。他也是为数不多的获得日本文化艺术界最高荣誉——日本艺术院院士称号的建筑师之一。

　　黑川纪章和与他同时代的日本著名建筑师一样，在从事建筑创作的同时，还出版了大量的建筑理论著作，被公认是长于理论的建筑师，《共生思想》便是他一生中撰写的影响最大的一部建筑理论著作。《共生思想》一书初版于 1987 年，是黑川纪章以其"共生哲学"为主线，对他几十年来形成的设计思想进行的总结和阐述。该书出版以后，在建筑界产生了较大的影响，是 20 世纪的经典建筑名著之一，曾被翻译成多种语言，在世界各地出版发行。

关于共生的只言片语

陈诺嘉

080328

也许这正是高效的做法，但也许正如书中所说，我们是不是到了放慢脚步、重拾古时精工细琢的情感的时候了呢？现代化的脚步不可能停止，西方主流文化的统治力也依然强大，但民族的精神不应以此为理由被束之高阁。相反，正是在这复杂的环境中，属于自己的精神归宿才显得异常宝贵，成为与全世界对话的媒介。依然记得在春花灿烂的时候女子学院举行的那场小小的芨礼。纯白的中衣外一层一层套上正式的礼服，三次加钗，三次上装，井井有条，彬彬有礼，恭谨地抱拳，谨慎地屈膝，虽然不可能还原汉时那庄严的气氛，但凝神而观，仿佛激发了血液深处的某些因子一般，华夏真美令人屏息。

一个伟大的建筑师沉积了几十年的思想，仅凭我这个初学者几十天的研读必然是不能完全理解的——或是说，不要提完全理解，可以记住他所描述的那些繁复的现象和事物，对他所列举的人物思想主张都能略晓一二，在精神上偶尔与之一刻相通，也算是受教了吧。毕竟是年轻气盛，尽管黑川的文字算是相当清爽明快，远不及一些思想家那样长篇大论，但一本书翻阅下来，还是只对自己感兴趣的寥寥数章印象深刻，而对另外一些，则过目即忘甚至抱有怀疑。即便如此，我还是想将自己这些断断续续的理解和感受记录下来，也许只是挖下了"共生思想"的一角咀嚼出的文字，但就是这只言片语，也是承载着我的思考的小舟，尝试去与更广阔的天地接驳。

不灭的江户情怀，美好的传统生活

黑川是爱着江户时代的，至少从《新共生思想》一书来看，他对江户时代的评价极其之高。他将江户时代的特征总结成七点：文化的多样性，高密度的社会和由此培育出来的微妙的感性，文化的虚构性，对细节的重视，技术与人的共生，混合样式建筑出现，幕府体制下的部分与整体的共生。在他看来，日本传统文化的主要部分，如茶道、插花、能、歌舞伎、数寄屋建筑等，都是江户时代在民众中传播发展起来的。江户时代实际上是一个超越了现在人们的认识，已然进入了日本特有的现代化的时代，是大众文化沉积的时代。

我也对江户时代情有独钟，这也是我把这一章的内容最先提出的原因之一。当然，我对江户并没有那么深入的研究，所理解的仅限于《一日江户人》这样的普及型的绘本读物，一些令人感兴趣的史实、电视剧以及大量的动漫。看了黑川在书中的解读之后，我似乎明白了自己对江户如此着迷的根源何在了，如此浓厚的民族文化以及充满活力的生活方式，与严格的锁国政策以及等级制度之间默默地发生着冲突，其中的戏剧性实在是令人欲罢不能。大概也正应了最具民族性的最能吸引世人的注意吧。书中有一段对于江户城市的市民居住条件的描写十分诙谐有趣。

"知识渊博的隐居人士、穷困潦倒的浪人、看似大名的女儿和店铺掌柜私奔出来的年轻夫妇、形迹可疑的游方医生、生了一大群孩子的勤劳的木匠等等，各样角色都群居在一个长屋里。"

稍加想象，就会发现这是多么让人心动的生活图景啊！现代主义的城市规划中尝试将城市按照功能人群分成不同的区域以便管理，这种理性至上的设想，将人们对于生活的实际需要过分简化，可以说忽略了人在创造了工业时代的同时最本真的对于生活的原始需求。这样的设计理念，从 20 世纪中期开始就被众多建筑师和规划师质疑和批判，黑川的共生思想显然也是反对这种简单而机械的做法的。

江户之所以被黑川作为实现"共生思想"的一个典范，并不单纯因为其浓厚的人文气息，它超乎世人想象的现代化程度也是原因之一。关于江户时代在教育和科技方面的成就，在许多动漫作品中都有或多或少的表现，看着穿着粗布和服的人们生活中偶尔闪过一些机械制品的身影，感觉十分独特。以端茶玩偶为例，这恐怕是日本式的机器人的雏形了吧，从来不同于西方所想象的没有情感会攻击人类的硬块，它的外貌被设计成了可掬的娃娃，动作也十分恭谦，这就是机械技巧和人类情感的共生吧。不知是否拜德川幕府闭关锁国仅准许与中国和荷兰的贸易往来所赐，江户时代的日本虽然一定程度上受到了工业的影响，但远没有像明治维新之后那样自卑地全盘西化，而是试图让传统的生活在工业的变革中延续下去。在理性主义占上风的现代化进程趋于尾声之际，重拾感性的生活方式，重新思考人与人的关系、人与机器的关系、人与自然万物的关系，便是黑川的"共生思想"的关键之一。

动人的日本情调，懵懂的中国情怀

许多中国人会认为日本的文化都是从中国传播过去的而对之有些许不屑，也有人去过日本后会感慨"在那里才找到了真正的中国文化"。我的观点中，自从日本从唐宋汲取了大量营养，那些传入日本的文化已经在这座狭长的岛国中长出了自己独特的风貌，就如同中文变成了假名，也像是从擎天古松上取下一小段枝桠培育成精致的盆景，气质也许有着共通之处，但表现的形式和内涵已经全然不同了。黑川在书中对于日本的文化做出了发人深思的定义："空寂"朴素与豪华的共生，多元对立的共生。

我惊讶于黑川花费 17 年的岁月为自己打造一间茶室的坚定信念。想要找回那个时代的精神，最快的做法大概就是还原那个时代的物质吧，因为精神似乎总是会寄居在某种物质之上。单是研究当时记载中的名词的具体所指，找出符合当时情况的材质，附上与当时无二的花纹，就消耗了大量的时间。建成的茶室面积很小，内部的柱甚至是一根没有整形的原木有意无意地歪在一边。以黑川本人的说法，建造茶室的材料从不该是什么名贵的原料，最好是从路边拣来一石半木，随性搭建就好，真可谓简陋到极致，"空"的极限。登琨艳建造"草流行"时对于材料的自然选择和搭配，也是一定程度上延续了这种"空"的思想吧。而构架的过分朴素，反而成了内部华丽纹饰的最好容器，这样的"空"，使得华丽不显张扬，而是默默地散发出自身的气质，茶室主人的修养，也正被这样的"空"容纳和展现。

诚然，我沉醉于黑川对于"空寂"的描绘和解释，他对于可以"调和矛盾"的灰色的丰富变化的说明也令我受益颇多，可他对于巴洛克在日本建筑中的表现，却让我觉得有些牵强。看到了日光东照宫的房檐下那如同鱼鳞一般排布得密密麻麻的斗拱，就算它确实是日本模仿巴洛克的复杂曲线风格的产物，我也不认为它是一个美的尝试。这样的斗拱让我不禁想到了清朝时过分装饰的细小羸弱的斗拱以及去西安时看到的如蜂巢般层层叠叠的怪胎，用在繁复的雕塑上的巴洛克也许会产生一种扭曲的美感，而当这种复杂强加于斗拱之上，却让我产生了密集恐惧症一般的反应。

这也许是一个与本意相违了的建造吧。黑川在说到这里的时候，是否在反对现代主义的潜意识中产生了有民族性的，融合西方古典的建筑都是美丽可爱的偏颇想法，我不敢妄下定论，只好保留自己的意见。

每每提到日韩文化，总会有一丝的茫然，中国的文化如今何在？我经常十分悲观地认为，革命胜利以后，中国的文化就随着新的生活的开始而被挤向了黑暗的角落，如同黑川所说的明治维新后日本全盘西化，中国也出于某种也许可以归结于自卑的心情极力否定着过去的文化，最终使得中国的精神在现代化的浪潮中不断被稀释，如今似乎为了顺应民族特征的形式一般，徒留一个外壳。我要承认，在优秀的历史保护区，还是可以从还原的老建筑中呼吸到中国的空气，但是如今的木工行业已经被工业化的生产挤兑，优秀的泥水匠也已然凤毛麟角，那种工匠们倾尽心力建造出的建筑所能带给我们的感动，恐怕在现代城市已经难以体会到了吧——我们或许更愿意嗤之以鼻，随意提炼一些符号，就当作是中国的精神了。也许这正是高效的做法，但也许正如书中所说，我们是不是到了放慢脚步、重拾古时精工细琢的情感的时候了呢？现代化的脚步不可能停止，西方主流文化的统治力也依然强大，但民族的精神不应以此为理由被束之高阁。相反，正是在这复杂的环境中，属于自己的精神归宿才显得异常宝贵，成为与全世界对话的媒介。依然记得在春花灿烂的时候女子学院举行的那场小小的芨礼。纯白的中衣外一层一层套上正式的礼服，三次加钗，三次上装，井井有条，彬彬有礼，恭谨地抱拳，谨慎地屈膝，虽然不可能还原汉时那庄严的气氛，但凝神而观，仿佛激发了血液深处的某些因子一般，华夏真美令人屏息。

黑川热爱日本的文化又深为日本的未来忧虑，他认为新的世纪将由权力时代向权威时代转变，文化和传统将作为重要的支撑，而中国正是拥有这份力量的大国。在《新共生思想》出版的十数年后的现在，我可以感到中国的文化在全世界的影响，但似乎更多的是中国红、功夫、京剧、包子头旗袍女孩这样的片面概念，中国文化自我修养的内核要如何在当今崇尚竞争的西方思潮之下找到自我的立足之地，这也许比一味想要提高所谓竞争力更加重要。或是说，这才是中国最强大的竞争力所在，也是中国于世界的立足点。

突如其来的灾害，敬畏自然？战胜自然？对于一个在中学时代的政治课上就不断被灌输可持续发展的学生来说，人与环境和谐发展并不是什么了不起的观点，甚至可以说被当成了常识。但是在那个时代，这些认真思考人类与自然的关系的人们，可以算是先驱了吧。为沉浸在工业化带来的经济迅猛发展的激动心情踩上制动，这其实是何等有胆识和远见的行为啊！在可以吞噬人心的巨大利益面前思考放弃眼前的一些事物而为其他物种以及未来谋利，从某种程度上来说，这已经是一种高尚的品质了。黑川关于与自然的共生，并不是放弃发展利益的极端主义，而是尝试去引入自然、容忍自然，让城市和自然共同生长的宽宏构想。

黑川在这一章中花了一些篇幅描述了关于抗震的问题。喜怒无常的大自然带给我们的灾害似乎一直是人与自然难以共存的矛盾所在。最近看到了一句有趣的话，被台风肆虐过的农民看到了电视上关于保护自然的呼吁，不禁反驳："这么强大的东西才不需要我们去保护呢！"自然本身似乎就是矛盾的共生体，一方面在人类的工业活动中节节退让尽显弱势，一方面又用惊人的力量破坏掉人类几十年创造起的一切，和这样的自然寻求共生，想必要经历漫长而艰辛的摸索。

近几年来，大规模的自然灾害频频发生，最近的东日本大地震，其影响依然在蔓延。在书中，黑川探讨了关于建造能够保护人类免于自然侵害的建筑与经济利益之间的关系。他以在东京大地震和关西大地震的两次灾害中统计出的数据为例，指出了如此强烈的地震所能造成的损害竟比房屋抗震标准高出3倍之多，这次的大地震可能将再创新高。但是，出于经济等方面的考虑，不可能为了抵抗数十年一遇的大震，就提高所有房屋的抗震标准，使用粗壮到难以想象的柱子，消耗大量的材料，压榨人们自由活动的空间，将人们关在"安全"的匣子里。当然，黑川没有想到的也许是，新一次的强震，破坏了房屋的不是大地的晃动和火灾，而是汹涌的海啸；而事后给我们留下长久痛苦的，不是生命逝去，而是核泄漏的缓慢侵蚀。我们的技术也许可以抵抗最强的自然灾害，但反过来也会给我们带来毁灭的一击。或许是我们在没有完全驾驭某项技术的时候就急于求成地将其投于应用了吧，因为我们的脚步不能由于小概率的灾难而停滞，而选择迈出这一步的同时，我们就应该抛弃安稳的天真想法，而是承受着可能遭遇危险的恐惧，恭谨地生活。

本来，我们就不是万能的神灵，而是依赖于世间万物存活的，我们享受着田中的稻米蔬菜，咀嚼着牛羊的骨肉，从而获取自己生存的基本能量。生与死，是再自然不过地相依而生的两极。随着科技不断发展，不知何时开始，我们做起了能够战胜一切的美梦。我们可以统领一切自然中的生灵，我们能够呼风唤雨，我们可以让自己的肉身不再承受疾病的折磨。然而，自然似乎永远比人类想象的要强大和复杂，在人类不断前进的同时，自然也改变着自己的状态。而这也证明了我们是与更加庞大的物质共生于这个星球，进退与共。丰饶的物资，枯竭的能源，优美的景色，可怕的灾害，所有这些都与我们共生，妄想剥去那些糟糕的部分，只留下对于我们有利的存在，就可能是对其他生灵的亵渎。我们也许应该抛弃以"人"为本的自私想法，而是在接受痛苦的前提下，更加热爱自己的生命以及所生活的地球。

美好的中间领域，不可侵犯的圣域

黑川用"中间领域"和"圣域"来解释如何实现共生。"中间领域"指的是两个矛盾事物之间共同的部分，"圣域"则是指双方的底线。在中间领域上共同协作，回避各自的圣域，便是黑川所认为的可以让矛盾的双方和平共生的最好方式。

我举双手赞同的同时，不无悲哀地感叹：这种孩童般理想的形式，本身就处在一条满是荆棘的道路上。

在巨大的经济利益的驱使下，我们这些非圣非贤无佛无道的人，真的会把对方的情感放在优先顺位上吗？犹记古人打仗，明明胜利近在眼前，却出于"未遵守交战规则"等"礼"的原因而举军撤退，如今利益至上的现代人，竟仿佛更接近牲畜的水准。黑川提到了日本的"米"圣域，说日本的米已然代表了日本的文化，进口米的提案屡屡被否，而西方也应放弃用廉价的进口米入侵这片圣域。不过，先不说西方愿不愿意放弃如此庞大的米市场，就日本本国来说，粮食的自给率越来越低，留在农村务农的年轻人逐年减少，再加上频发的灾害，保护住自身的"米"真的高于百姓的胃吗？"圣域"是否也不得不和"异物"共生了呢？

信息爆炸，个人的思想越来越活跃的现在，"圣域"已经变成了极度模糊的存在，可以说是千人千面。人与人，国与国，想要相安无事，恐怕"不触犯圣域"是不可能的，因为利益的矛盾永远存在，也许忍受着自己的"圣域"的痛追求最高的利益才是最为折中和无奈的共生方式。

黑川在书中解释"共生"的本源与佛教的思想有异曲同工之妙，只可惜我对佛教思想涉猎极少，只能默默感慨其博大精深。

佛教认为，人生的痛苦来自于"渴爱"与"无明"。"渴爱"就是对事物的专注与痴迷，"无明"则是无知，而自认"非无明者"则最可能离"无明"只有半步之遥。佛之

所以涅槃是因为无法舍弃人间的痛苦，而人之所以无法成佛则是因为无法舍弃自身的痛苦。我不信佛，却是痛苦的信徒，不追求如何远离痛苦，而在与痛苦的共生中充分体味生命，便是现在的我所能得出的答案了。

而"共生思想"的真意所在，大概是唤醒一切自然的，原始的，被西方的"二元论"所压抑的思想，去尝试调和由"二元论"的方式无法调和的问题吧。事物的发展伴随着问题的出现，尝试去解决已经出现或尚在潜伏的问题，"共生思想"只是黑川给出的解答。基于我所理解的"共生思想"的特质，是否就决定了它不能成为社会的主导思想，只能是一块投入水中的石子，激起八方回响呢？

世界有可能由此靠近相互包容的理想乡吗？或许只能是多重思想为了自身地位的混乱斗争吧。不过，世界从来没有停止过战争与和平的相生，而绑在这样一个"共识"之上的我们，将长久地如此，共同生活。

《新共生思想》读后感

周宜焱

080332

1 新共生思想

"我们要体会共生的现实意义，意欲在共生的净土上有所作为者，无论利钝、强弱，都要相互提携，世上之物与周围的一切，割裂后就不复存在。一切皆因众缘而生存，万物相关联才能成立。我们应该以此原理，一步一步迈向理想的世界"。

一、"共生"与"共存"、"妥协"、"调和"的区别

"共存"是指相互敌对的双方处在一种想要消灭对方、同时又避免被对方消灭的并存关系，如"美苏共存"；"妥协"不是要在对立双方的利害关系中积极地创造出一种新的关系，而是消极地寻找共通点，彼此让步的关系；"协调"是一种没有本质上的对立，而只是对差异要素平衡得当的情况。

而"共生"是包括对立与矛盾在内的竞争和紧张中建立起来的一种富有创造性的关系。

二、"共生"成立的最重要的两个条件

怎样不同的要素或文化等等都是由以下三个领域构成的：

第一个领域是普遍的领域，有共通项，共通规则。

第二个领域是中间领域，有不确定的变化的共通项。

第三个领域是圣域，有不可理解的领域。

"共生"成立的最重要的两个条件，即尊重对方的"圣域"以及存在"中间领域"。

承认对方的"圣域"

共生是承认不同的文化、对立的双方、异质要素之间存在着"圣域"，并对此表示尊敬。但如果双方的"圣域"过大，共生将不大可能。

圣域之所以是圣域，并不是用科学分析的方法和国际上通用的规则加以评判，而是由于其中包含着不可理解的神秘领域，存在着自我禁忌的根源和称之为文化自尊

心的根源。

比如说稻米，美国加利福尼亚的大米和日本的稻米一样好吃，但是，加利福尼亚没有日本那样的种植稻米的民间艺术、民谣、祭祀及制酒和乡村风景等稻米文化。假设把加利福尼亚的米全部都消灭了，美国加利福尼亚的风景不会改变，因此美国的生活方式和自尊心也不会受到伤害。而如果把日本的米全部消灭了，那么宅旁林、镇守林、里山、水田、旱田，这些连接着日本原风景的农村地带的风景，确实就会丧失殆尽了。可以成为艺术品的日本酒、工艺品、民谣、祭祀活动，以及随祭祀活动而继承下来的地域文化，可能全部都会灭绝。因此在米这一方面，日本的米不只是粮食，也是文化，是圣域。

对于地域、民族来说，无论如何也不能让步，"圣域"一旦失去的话，就会丧失民族自豪感和民族认同感。而不同文化文化、要素之间只有相互尊重"圣域"，才有可能共生，去建立良好的关系。

中间领域

中间领域，或暧昧性概念，是考虑共生思想的重要钥匙。

比如说人是肉体的，人是精神的，人是肉体加精神的统一体，我们也可以说人不是上述任何概念的生物体。这种"哪个都不是"的概念即共生思想中的中间领域。

西方的二元论可以理解为"人是肉体的"或"人是精神的"的对立，而西方为了超越二元论和二项对立，有对两者扬弃的辩证法，此时对立的二项会被统一成一个东西，这可以理解为"人是肉体加精神的统一体"。而"哪个都不是"的中间领域可以理解为"人不是上述任何概念的生物体"。

中间领域就是，无法强行划分到任何一方，或被排除的领域与要素。这个中间领域包含着暧昧性、双重性和多义性，是流动的变化着的。为了达到既对立又创造关系的境界，可以在对立的两项之间，放置空间性的距离（缓冲地带），或搁置时间性的冷却期，这在很多情况下是有效的。

比如以契约社会为根本的西方社会，认为一切都应该依据契约而明确化，暧昧的中间领域是社会的罪恶。如现代的美国社会由各民族共同生活，如果没有契约这种规则，彼此之间也许根本没有信赖可言。在东方人看来相互商量一下就可以的事情到西方社会则必须付诸于诉讼。

虽然日本的口头约定、腹艺等暧昧的交流手段并非那么有效，但是，通过在契约系统上，再加上一个调整系统，创建新的体制却很重要。正是作为这种调整系统，才是作为共生思想钥匙的中间领域或暧昧性。

如书法中的留白，这种情况下的空白不是无，而是与线有着同样的意义，表述着同样的内容。

这样的中间领域，使对立的多种要素间经常保持着流动的动态关系，将非连续的连续变为可能。

所以暧昧性或两义性是中间领域所具有的性格，是产生流动性、充满活力的，使大家共生的钥匙，而并非让对立的二项勉强妥协或强行调和。

三、以二元论和二项对立为基础的机械时代社会的特征及弊端

基于工业化的普遍主义

机械时代的"型号"、"规范"、"理想"，实际上由"普遍性"这一欧洲精神所支撑。

在重视经济的机械时代里，所有发展中国家固有的文化，均被认为是属于发展过程中的东西，是"非现代化"的障碍。如日本从江户时代开始，经过明治维新进入现代化、国际化的改革目标，就是模仿、吸收西方文化，并尽快接近欧洲。所谓的"进步"就是衡量其在多大程度上接近欧洲，再无其他指标可言。其结果就导致了国际式建筑无视所在国家、地区的风土人情、传统文化，而蔓延到全世界。玻璃盒子在中国冬冷夏热的北方地区的蔓延，仅仅能耗方面的弊病就非常之大。

基于功能的分离主义

基于功能的分离主义，是把社会制度、建筑、城市空间，或者是企业按照功能进行分类、分离的行为，是一种最极端的表现。因为分离主义，那些本来很难分清的、混沌共生的事物，互补的功能被割舍掉了，暧昧性也就因被明确而失去了。

现代的阶层分离，带来的是对弱者的排挤。在这样的住宅里，没有老年人和残疾人居住的场所。由于只按照社会效率来考虑问题的功能分离主义，让社会显得非常冰冷。因为老年人的活动能力较差，而将养老院建在安静的山野之中，乍一看好像考虑得很周到，然而这样就将老年人与世隔绝了，他们就再也看不到他们的孙子以及年轻人的身影了。这绝对是一种非人性化的环境。类似的还有像唐人街、黑人区、意大利区这种按照人种划分的居住区。

等级秩序的统一原理

按照等级统一原理，可以清楚地划分部分和整体，这是认为整体比部分更重要的金字塔型支配秩序。按照这种原理，住宅是城市的一个组成部分，是城市基础设施，如广场、街道等公共空间设定后被规划的，住宅被认为是次要的、从属性的部分。建筑及其空间上的关系也同样是如此。总之，这种原理是通过服从全体来形成等级秩序的。这样，拥有等级秩序或宏观框架优先的现代主义，就会损失掉"部分"中应有的多样性、人性以及细致入微的感受。

四、共生思想对机械时代社会弊端的几个回应

整体与局部的共生

首先确定整体框架，然后划分细部，这种自上而下的方法，往往容易忽视细节、局部。相反，自上而下的堆加方法，也无法保持整体性。

只有把从整体出发的构思和从部分出发的构思，等价值等比重地同时考虑的子整体式的方法，才是最有创造性的。

如在设计中，一方面可从城市规划、周围环境、社会需求等整体、宏观的角度出发、构想，另一方面也可同时对局部的细节进行设计，这时头脑中也许会浮现出门把手的设计、触感，扶梯的形状、地毯、家具的设计、墙面壁纸等细节。

这种整体与局部的齐头并进的方法，就可以一定程度上实现整体与局部的共生。

传统与现在的共生

继承历史传统可有多种不同的手法：

1）在使用历史形态的同时，引进新技术、新素材，一点点地进行改革，这是日本的数寄屋的手法。

2）将历史形态分解后，在现代建筑中进行自由装配、再编重组的手法。

3）将历史象征、历史形态中所存在着的看不见的思想、审美意识、生活方式、历史记忆等，作为现代建筑的表现手段。

对于不同条件不同建筑，会采用不同的手法对历史传统加以继承。但是关键在于要从"西欧中心主义"和"理性中心主义"，转向"异质文化的共生"的视点看问题。

如黑川纪章将茶室"唯识庵"建造在配备了当时最先进的 IBM 计算机的书房里，在那里，最高端的技术与传统的茶道艺术空间共生，丝毫没有不协调。

技术与文化的共生

以印度为例，原子能发电、火力发电和水力发电都有，但家庭用燃料的 90% 都来自牛粪。这是因为在印度，牛被视为神圣动物，可以在村中自由游荡，连车辆都要对其让路，所以，村镇中牛粪遍地。

假如印度的所有电力需求都来自原子能发电，那么牛粪将不需要了，数量惊人的牛粪就将变成垃圾了，而处理这些牛粪垃圾，又需要大量的经费预算和能源。

不仅如此，印度将牛粪作为炊事燃料的这种生活方式，与印度的气候特点、风土风俗相吻合。如果用原子能发电，做饭都用电气，那么印度所固有的生活方式就要彻底改变，印度的文化也会随之崩溃。

所以未来的印度，将是牛粪、水力发电以及原子能发电等有效组合起来的混合型能源供给系统。

五、对于中国的启示

城市的发展如何与环境相共生

中国的工业化迅速发展，使用大量的煤炭火力发电厂，而且工厂、汽车猛增，随之带来的空气污染越来越严重，森林也不断减少。最近的南京市由于城市建设而移植掉大量的梧桐树更是让人们气愤。城市的发展怎么和环境相协调，这值得每一个中国公民思考。

发展如何和文化共生

这个问题不得不提起北京城的古城楼。当年梁先生竭力要保护北京的古城楼，结果还是不如人愿，被拆毁了。而当年的人们拆掉了一个 800 年的真古董后，今天的世人只能去造一个假古董了，这样的结局不能不让人感慨。我们再也不能够一味地求快速发展了，否则当文化崩溃后，就再也无力挽回了。

中国的传统与现代如何共生

如中国的风水，很多人认为只是迷信。但是它存在那么久，我们不应该对它一点都不研究，就一句迷信把它给抛弃。陈从周在讲学时谈到"风水"，说到浙江某县的一座山，历来被保护得很好，因为它跟风水有关，是政府的"照山"，也是风景学中的对景，可是如今大加开采，风景便大为逊色。如今迷信破除了，风水破除了，可是风景也没有了。这只是关于中国传统的一例。关于风水，至少那种敬畏自然的态度值得我们学习，可惜我们现在这种对自然的敬重心丧失了太多了。

关于地区之间的共生

地区与地区之间可以互相借鉴，但是不可盲目抄袭。比如将北方的红砖用在南方江南的地带，而将原来的青砖抛弃了，那么到了夏天，满眼都是红色，这会让人觉得更热，便丧失了那青砖带给人的清凉感觉。

六、小结

如书中所说，"我们要体会共生的现实意义，意欲在共生的净土上有所作为者，无论利钝、强弱，都要相互提携，世上之物与周围的一切，割裂后就不复存在。一切皆因众缘而生存，万物相关联才能成立。我们应该以此原理，一步一步迈向理想的世界"。用老子的话作为结尾吧，"故大邦以下小邦，则取小邦。小邦以下大邦，则取大邦。或下以取，或下而取。"世间万物如能这样，定能生生不息。

浮动变化的灰色空间

李毅铧

082254

新共生思想

我们的社会正在经受着从机械原理到生命原理的转变。我们都知道，一切生命体在保持动态的关系的同时也作为各种信息的发生源而存在着。生命之所以不同于机械，在于其特有的代谢、循环以至于共生。勒·柯布西耶在机械时代说住宅是居住的机器，而其代表的国际风格在机械时代有着极大的普遍性，在过去的一段时间里，"机械时代"就意味着接近欧美，那是一种以理性为中心的时代，在那样一个二元论的时代里，东方对西方有着过度的追求，在设计上也是如此。

在这个新的时代，我们常常感叹我们不得不妥协，不得不学会尊重，而这一切都是共生的一部分。

当下，朝鲜和美国的隔空危机也许就是在当下共生最合理运用的时机。共生这个起源于生物领域的思想，而今在社会的各个方面都有着不俗的运用。从经济文化到政治生活，从整体性的保障到个体性的安全，在新的社会背景下，处处闪耀着共生的光芒。

我们的社会正在经受着从机械原理到生命原理的转变。我们都知道，一切生命体在保持动态的关系的同时也作为各种信息的发生源而存在着。生命之所以不同于机械，在于其特有的代谢、循环以至于共生。勒·柯布西耶在机械时代说住宅是居住的机器，而其代表的国际风格在机械时代有着极大的普遍性，在过去的一段时间里，"机械时代"就意味着接近欧美，那是一种以理性为中心的时代，在那样一个二元论的时代里，东方对西方有着过度的追求，在设计上也是如此。

机械时代的广泛影响力当然也渗透到了建筑领域里，可是这种过分重视人类作用的建筑在新的时代下也渐渐走在了历史的黄昏大道上。建筑也渐渐走入了生命时代里面，生命时代的建筑逐渐登上了建筑的舞台。一种新的、能够和异质文化要素共生的建筑出现了。她是一种通过传统与尖端技术的共生而创造出的与自然环境共生的建筑。我们在日常的学习中经常会思考建筑的文脉，这对我们而言更是一种对

于历史和环境的思考，而建筑在原有的功能表现的意义之上更多了有了向意义表现的转变。当代的许多大事，都试图设计表现自我自立和意义创生的建筑，他们摒弃了后现代主义的建筑，而后现代建筑败北的原因就是它们仅仅停留在思考的表层，没有对于历史和人文有着更为深入的思考。而这是生命时代建筑具有的特质，它们以一种对地域文脉、城市文脉的尊重，对自然环境的适应的开放式的结构呼应着历史的号角。

生命时代的建筑也让建筑从一种二元对立的立场中跳脱出来，转而走向了共生。共生的前提是建立在对不同对象各自"圣域"的尊重上，不同对象之间存在着一个动态的"中间领域"。正如黑川纪章所说，

在日本的文化里没有一个明确的内外界限，内外之间的关系以一种动态的关系共生共存。在过去的一长段时间里，我们都默认西方优越性的普遍存在，而在那样一段长的时间里国际式建筑正是这样一种基于西方文化价值的普遍性规范而创造的，正如在很多严酷的环境里，我们常常在感叹生物的入侵，而在文化上却又对异质文化的过分入侵采取一种无所谓的态度。其实我们对于异质应该采取新的态度，我们既要大写主体，又要尊重其中的少数异端者，使部分与主体之间保持着良好的紧张状态，从而达到空间和时间上的自由。我们将"异质"引入到建筑设计，引入到生活当中，这样一种特别的生活方式,通过一种"危机"的震撼，使一种具有上下级关系的秩序转

移到一种水平方向的全新平衡，而就如同在一群静定的鱼群中引入一条其他种类的鱼，反而让整个鱼群活了起来一样，我们也可以通过容纳异质文化来对自己的文化进行重新的认识。

在这当中提到的非二元论也并不是简单的三元论，而是建立在对象自身特性的，建立在对未来的展望并且还包含着不断否定、同时又不断拓展的论断。我们知道现代主义是工业社会加强中央集权的系统，是一个具有高度集权化、等级化的系统，它超越了还原主义的子集与整体之间的简单关系，也并不是简单地说整体与部分之间有着等价的关系，整体完全地超越了各个部分之和，将复杂的主题分解，我们会发现，本体的本质缺失了许许多多，那些闪耀着人性光辉的点滴都缺失在子集的点滴关系中了。

在现代的城市中，地域与城市之间有着一种特别的关系，地域中各个城市的文化关联性将区域内的城市联系在了一起。在现代的城市设计和建筑设计中，内在的文脉性将人们和城市联系在了一起。在这样一种关系中，共生登上了舞台。它在对与错、善与恶、生与死等许多原来被广泛认知的二元论的基调之上，创立了灰色的中间领域，让我们在一个灰色空间里，体验微妙的平衡，在一种高密度的细腻情感混合状态下，我们生存与思考。

对于我们这样一个特殊的专业，共生也正给予了我们足够的启发。在我们的城市生活中，高密度的住居创造了微妙的城市关系，而城市的复杂性和多义性又给我们的生活带来了全新的生气，就如同我们的邻国日本的浮世绘、庭院之类在整体表现的基础上，有着更多对细节的表现一样，在我们的建筑领域中，技术与人也可以和谐地共生，在这种特别的共生中，技术是人的延伸，他们相互联系在了一起。

在新时代下特别的矛盾与冲突的日常生活中，我们常常对自己进行反向的思考和诘问。我想在这样的背景下，我们更加需要的就是这样一种共生的精神，这是在同过去的逝我、现在的本我和未来的未我建立深层次的联系。作为建筑学生，我们通常说两义性的建筑，这样一种建筑也就是我们所需要的，它不断地在建筑的周边创造一些既对立又交融的空间，这些建筑通过廊道，柔性界面弱化了建筑同周边建筑之间的界面，创造了充满活力的街道空间。我发现在现在飞速的中国城市化建设当中，我们看到城市综合体、大广场、大轴线的模式被广泛地复制在中国各个城市当中，而在我们国家的城市历史中是毫无起点可寻的，不管是长达几公里的轴线还是十几米甚至几十米宽的大道和广场，这在中国的建筑史上都是找不到的。这种天外飞来的设计模式是我不认同的。我们直接移植一种道路空间结构完全不同的、公共设置也完全不同的城市建设模式是很成问题的。在我看来，我们应该恢复我国历史上的以街道为骨架的多核心城市，通过多核心、多绿化、多透明性的空间来创造更具建筑性的"道"空间。这种类似性质的空间缝补了城市的裂缝，给予了城市生活更多的可能性。在国外的一些超级都市里，城市的公共空间包含着个体私有空间和宽广开放的公共空间，以及既对立又相互创造的缓冲公共空间。

在我看来，城市的发展更应该从充满着浓浓人情味的街道空间开始，在尊重我们每个人领域的同时又能够保有相互交融的灰色缓冲空间的一种开明态度。这样一种充满自然感觉的"道"空间对于创造更加合理的城市秩序是十分必要的，我更喜欢去除掉如同枷锁般的对建筑空间的过分划分，让流动的空间在场地上徜徉。

对于任何的专业而言，共生都是一种重要的观念，他强调的"圣域论"和"中间领域论"不断地开创一个又一个新的领域，这些领域综合起来又开创了一个更为广阔的全新世界。

无论是我们同自然的共生，还是机器作为我们的延伸与我们的共生，甚至是其他各种类型、各种方面的共生，都已然发展成为城市发展和城市设计领域一个不得不面对的问题，他们在各个方面都有着自己独到的影响力。

黑川先生曾多次表示，没有设计理念的设计师经常随波逐流，做一些流行性的设计，但一个有设计理念的人，不管什么时候都应该坚持自己的想法。

20世纪50年代，20多岁的黑川纪章开始致力于研究、推广"共生思想"，至今已将近50年。年轻的时候，黑川的理论在日本并不被接受，他经常没有业务可做。但随着时间的推移，他的"共生思想"逐渐为世人接受，成为城市可持续发展的指导思想之一。黑川纪章认为："共生思想"是即将到来的生命时代的基本理念，是21世纪的新秩序。通俗地讲，它可以从5个方面来理解。

第一，"共生思想"反映了东方的哲学思想，这一理念对21世纪人类社会的发展具有普遍的指导意义。这种思想与西方二元论是两种对立的思想。

第二，20世纪，人类社会在经济发展和城市化进程方面取得了很大成就。然而，在这一时期，生存环境、文化艺术并没有进步，反而有所退化。

21世纪是经济技术与文化艺术同时受到重视、共同发展的共生时代，人类已经认识到了生存环境的恶化。走集约型发展之路，让人与自然和谐共生，是"共生思想"的一种体现。

第三，1992年，国际社会达成生物多样性公约。生态回廊、生态系统受到前所未有的重视，这也是对"共生思想"的一种确认。

第四，2005年，联合国教科文组织签署文化多样性公约。让世界上的不同文化共生共存，也是"共生思想"的一层重要含义。

第五，历史与未来的共生。在世界文明史中，人类在保护自然、延续传统的同时，不断创造出新的城市、新的历史。生活在现代的我们，一方面应将前人遗产保护好传给后代，另一方面也要留下新的文化遗产给后代。

现代化的城市孕育着更多的可能性，这些可能性就交织在复杂而多变的城市环境中，在复杂的关系中创造更多的复杂性。我想，我们将来的城市也许就在逝我、本我、未我的三重定义中，不断地创造城市的新定义，从而诠释有中国特色城市化进程的全新理念，在充满对立、冲突的氛围中，保持交流和理解，在人与人之间创造灰色的缓冲空间，让社会在冲突中孕育着无限的可能性，保持着社会旺盛的生命力。

共生不可避免，共生也大势所趋。从机械时代向生命时代迈进，生命的原理是"代谢"、"循环"和"共生"。

共生城市

孙一桐

1150298

郑东新区的项目预计完成时间是30年，这几乎是20年之后的事了，黑川先生也已经于2007年去世了，没有人能预计先生的共生梦是否能随着郑州的城市梦延续下去，但起码现在市民很愉悦地享受着规划带来的优越环境，经济效益也被新区规划的会馆带动起来，居民们带着非建筑师的眼光受益并享受着，这不已经是好的开始了吗？

在看到黑川先生这本书的书名时，最先想到的是早些年在报纸和网络上看到的郑东新区"郑州龙湖规划方案"。作为一名河南人，虽不是郑州人，但也会时常有机会去感受这座被众人嫌弃的城市，它在歪曲密集的车道与鱼龙混杂的人潮拥挤中变得破旧、自卑、伤感，我无法形容出对这座城市的感受，它像一位经历过世事沧桑突然失忆的有着不俗身份的中年人，不知去向，却又抛不下责任，在世俗的眼光中艰难地生存着。

书中陈述道，"'中间领域论'与'圣域论'是共生思想的实质"。中国城市在建设中容易迷失自我的原因，在我看来是因为我们已经将属于自己的"圣域"抛弃掉了，连"中间领域"都已经模糊得不知去向。

"圣域"是限定出城市或者国家性格的条件，甚至可以说是底线，但如今细想，除了一些历史保护建筑不能更动之外，我们有什么是神圣不可侵犯的？从语言文化至生活习俗与衣食住等基本物质条件，都在潜移默化被看似更加美好的"普遍领域"影响改变着。之前，在我眼中龙湖只不过是个在城市现代化发展中出现的一片为了提高城市人生活质量的人工湖，却不知，这片杂乱的土地，一下子承担了河南人的中原造城梦与黑川先生的共生城市梦——这位67岁的日本建筑师带着他50年来一直研究的共生建筑和共生城市的思想来到中国，预设30年的时间，要在一座城市的版图之上新建一座城市，并声称到22世纪仍是城市的范本。

据说他来郑州之前，从卫星图上看这里的地质、水源，通过对各种历史、地理资料的研究，得出的印象是：这里有黄河，有嵩山，还有很多鱼塘，是一片郁郁葱葱的土地，郑州是一座山清水秀的城市。在他来到郑州后，发现现实与预想有了巨大的差距，他仍然坚持了自己的想法与认知，他解释说："人是从水中生出来的，如果没有水，人不能活下去，中原文化就是黄河水养育出来的。人都是在有水的地方建筑城市，再创造文化。但在过去的岁月中，郑州失去了它的水。我要传达的信息就是，要让人们回想起过去有水的时代。正因为没有水，我才要制造水，才要重新把水弄干净，造新的运河，造湖泊。这可能要花很多时间。但我要做的，是要让后人感到前人为我们做了这么好的事情，有一种幸

福感动的心情。"

对于黑川先生来说，中国建筑应该有更多精神性的东西，郑东新区就应该有水。先不说先生对郑州的理解是否深刻恰当，毕竟要一位第一次踏上一片土地的人感受理解这千百年的历史与发展是不切实际的，但他是在虔诚地用自己的心去思索如何赋予这片土地一种怎样合适的性格，不仅能贴切地表达出属于自己的声音，又能予后世幸福。于是他开始思索与研究中国的郑州有着怎样的圣域和中间领域，我想它应该是模糊的，毕竟中国人都已经迷茫了，在这个功利化的社会中，二元论是不可磨灭的存在，在长期的学习中非对即错是评判成绩的必要手段，致使我们在处理事情上拒绝暧昧不清，结果已经变成我们完成某个过程的出发点，我们平时的设计

作业也变得具象起来，我们只将老师明确肯定性或否定性的意见视为有效意见进行修改，失却了暧昧的氛围与自己最单纯的热情。社会的各个组成部分也越来越个体化清晰化，住行中的惬意情趣已经难以找寻，嘴上说着"去其糟粕，取其精华"、"保留自身特色"、"创建具有中国特色的和谐社会"的响亮口号，却仍然在面对一切其他文化时，将其看似更优质的无论什么都直接应用，视其为潮流，直接与本土文化结合，不中不洋，搞得一身窘迫；或者为了避免出错，快速复制，不考虑中间性领域，致使如今城市属性相似度不断增加。

城市如今需要关注的问题：

（a）过于明确的功能分布；（b）没有背景故事的文化与建筑；（c）圣域与中间领域的减弱与消失。黑川先生在设计时不仅寻求出了自己心中郑州的圣域"水"，同时铺垫了丰富的故事背景来设计环境功能与建筑，除了水的灵动，他还引进了生态城市、环形城市、共生城市、新陈代谢城市等遵从于他"共生理论"的新型城市理念，从技术上支持了共生理论。

郑东新区在历史上一直存在大片的湖泊和沼泽，地下水位并不低。龙湖的位置和规模是根据当地鱼塘的现状决定的。鱼塘主要以地下水为水源，龙湖设想为以部分地下水和部分中水为水源。使用中水是城市的一种趋势，在郑东新区，与此相关的基础设施也在建设之中。这样做的成本也很低廉，人工湖用水与饮用水不同，其对中水的质量要求只需使用较便宜的净水设施即可实现。CBD与CBD副中心通过运河相连，构造出中国传统的"如意"形；会展宾馆的造型是从杭州六和塔抽象而来的；会展中心多处用到中国传统建筑的符号；联盟

新城的住宅解释了传统四合院在现代的理解等等，这些都体现了它传统与未来的共生思想。龙湖被置于组团中心的无中心发展模式。一般的城市，会以皇家建筑或者别的标志性建筑为中心，然后向四周扩展，这样就不可避免地出现交通拥挤等状况。将公园或者湖泊置于组团中心的无中心发展模式，可以适应今后城市的发展，是一种可持续发展的设计模式。按照功能分区，郑东新区被分为了6个功能组团，每个功能组团的中心都是公园或者湖泊，这也是黑川"城市将从放射性城市走向环形城市"的设计思想的体现，让郑东新区领先时代。同时，他也在郑东新区CBD内环中规划了高层住宅，导入了居住功能。黑川的城市理论让居住、商住共生。

郑东新区的项目预计完成时间是30年，几乎是20年之后的事了，黑川先生也已经于2007年去世了，没有人能预计先生的共生梦是否能随着郑州的城市梦延续下去，但起码现在市民很愉悦地享受着规划带来的优越环境，经济效益也被新区规划的会馆带动起来，居民们带着非建筑师的眼光受益并享受着，这不已经是好的开始了吗？多年以后，郑州或许会变成一座有山有水、环境宜人的仿若百年前熙攘的"城郭"，而建筑与人们的生活方式则向了更加高端的方向发展改变；农田与摩天大楼共存，质朴的气息与物质社会相缠绕，不再有非对即错的社会氛围，不再有农村城市的隔阂，能在享受自然与生活的同时，使用先进的设备来便捷生活；有着不可侵犯的神圣心域，可以温和理性地对待外界产生的干扰——平和的心态、美好的生活、鲜明的性格，这便是我理解的共生城市，也是我从先生书中看到的热情与希望。

美国大城市的死与生

[加拿大] 简·雅各布斯
译 金衡山
译林出版社，2006 年 8 月

本书自 1961 年出版以来，即成为城市研究和城市规划领域的经典名作，对当时美国有关都市复兴和城市未来的争论产生了持久而深刻的影响。作者以纽约、芝加哥等美国大城市为例，深入考察了都市结构的基本元素以及它们在城市生活中发挥功能的方式。是什么使得街道安全或不安全？是什么构成街区？它在更大的城市机体中发挥什么样的作用？为什么有些街区仍然贫困而有些街区却获得新生？通过对这些问题的回答，雅各布斯对城市的复杂性和城市应有的发展取向加深了理解，也为评估城市的活力提供了一个基本框架。

《美国大城市的死与生》读书笔记

王思梦

100323

上海老式里弄中充满了这样的案例，这种由于私有空间面积的紧缩带来的公共空间半公共化的状态反而促生了邻里的和睦，当孩子在街的另一头玩耍，孩子的父母正在街的这头同邻居讨论天气的变化，放心地明白街边小吃店的店主会关注着每一个同孩子搭话的陌生人。街道是安全感产生的原因，安全感是街道产生的意义。

《美国大城市的死与生》写于由柯布西耶代表的现代城市规划体系麻醉了城市设计者神经的时代。在那些乌托邦幻想的城市设计方案中，每一个功能分区都"浑然天成"地落入严格划分的城市拼图中，雕塑式的建筑强有力地表达着设计者创造的秩序，人们好似会井然有序地乘坐日间的轨道交通往返于工作地点与住宅大楼之间，最大化的绿地是完美无缺的游憩场所。但是《美国大城市的死与生》对这样的金科玉律发出了声色俱厉的批判。

因为居住、工作或是游乐并不是按部就班地排序在生活的日程表上，因为人与人的交往并不是恰如其分地发生在你预想的那个街道转角，因为生活的碎片并不是严丝合缝地拼合在你所设想的蓝图上，因此生活才是生活。而因为重要的不是城市，不是街道排列的方式，不是平面上的黑白图底关系，不是将自身局限于对空间、结构、规划这样纯粹建筑与城市设计元素响亮的表达，因此城市是复杂的。

这本书的启示之一是街道对于城市的作用。街道，与其说是城市的血管不如说是城市的脉搏，因为生活永不静止，城市的运行处在永动的状态之中，街道中日常运作的每一帧都像是为心脏搏送一次新鲜的血液。如果说标志性建筑是城市的名片，那么街道所传达的内容就是城市的个性：街道乏味，那么这个城市也乏善可陈；倘若城市有趣，街道必定充满生机。

街道倘若孤立来看只是与交通循环紧密相关的基本要素，然而只有与周边的东

西联系起来才能表现出意义来。街道即使看起来无序可循，但却由奇妙的秩序维持着街道的安全和平衡，而这个秩序的本质是街道与周边的联动作用，是街道上每一家商店店主注视着街道发生的每一件事的目光，是生活在街道或只是穿行而过的陌生人驻足的目光，形成了街道的安全监视系统。邻里间的每一声寒暄和关照都加强了这种行走于街道上的安全感与归属感。上海老式里弄中充满了这样的案例，这种由于私有空间面积的紧缩带来的公共空间半公共化的状态反而促生了邻里的和睦，当孩子在街的另一头玩耍，孩子的父母正在街的这头同邻居讨论天气的变化，放心地明白街边小吃店的店主会关注着每一个同孩子搭话的陌生人。街道是安全感产生的原因，安全感是街道产生的意义。

人的交往建立在街道上。并不如现代主义者所想，一块设施齐全的场地可以满足孩子们玩耍的需要。他们需要的可能只是一片高大杉树俯身笼罩的楼前小路，一片可以攀援而上的邻家院墙，路边楼上的窗户不用打开就能听见他们的笑声，生活的声响沿着街道融化在城市之中。从里坊制开始建立的规整的街道，经过了世纪与世纪的伤痕变成如今纠缠交织的模样，每一个难以捉摸的角落都有一个引人入胜的故事。人与人的交往也像是网状的街道，联系的发生皆是随机的。人与人之间的交往表现出无组织、无目的和低层次的一面，但它是一种本钱，城市生活的富有就是从这里开始的。

另一个启示则是城市的多样性。多样性正是城市的生命，是活力所在。因为生活就是充满了多样性。这正是为什么简单粗暴地将城市基本元素归纳在静态的体系之中，用归纳切割的方法规划一个梦想中井然有序的城市是无法带来真正的幸福归宿的原因。城市就像生命科学一样也是一种有机复杂体。城市的问题从来都不是单一的，并且也不是一成不变的，它们看似杂乱无章地纠结在一起，实则存在一个微妙平衡的有序复杂的机制中，形成一个有机系统维持着城市的运作。而多样性也是城市与城市之间的区别所在。发掘一个完美无缺的城市并不是去寻找一个最优化的答案，而是适应当地城市的最舒适方案。普适性的计划一方面让城市彼此之间变得相似乏味，另一方面扼杀了城市本身的活力，最终成为亟待被抛弃的失乐园。

对于城市多样性的维持，作者提出了一些具体的条件：一是主要用途的混合，地区及其尽可能多的内部区域的主要功能必须要多于一个，最好是多于两个。这些功能必须要确保人流的存在，不管是按照不同的日程出门的人，还是因不同的目的来的人，他们都应该能够使用很多共同的设施。二是保持较小街段，使机动车放慢速度让交往自然地发生，并且街道变长，活动也会随之增加，无论是商业还是邂逅。三是新老建筑的混合，历史与文化的价值早已无须赘述。四是低密度与高用地覆盖率的需求。

这本书一方面带我们思考城市所带给我们的是什么，更重要的是我们能为城市做什么，而非我们对城市做什么。现代主义城市设计者惯于进行纯粹建筑元素的表达，以救世主的姿态对城市进行改革来解放所谓传统城市街道所带来的罪恶，或是习惯从高位者的眼光出发绘画蓝图，将城市生活控制在静态的机制之中，仿若生活是能够简单计算出来的答案，能够严丝合缝地嵌入规划者们的规划图纸中，却忘记了从居住者的角度去看待这片承载了丰富生活和庞大回忆的场所，它包容了多种多样的可能性，错综复杂地联系在其中发生，它蕴藏的鲜活生命力和复杂却隐含秩序的运作机制，值得我们用更加谨小慎微的态度去理解分析并且改良得更好。

充满活力、多样化和用途集中的城市孕育的是自我再生的种子，即使有些问题和需求超出了城市的限度，它们也有足够的力量延续这种再生能力并最终解决那些问题和需求。事实上，城市自身所发出的声音比任何形式的规划方案表达都更有力。

《美国大城市的死与生》 读后感

董新基

1150254

> 民心者，得之则生，弗得则死，对于制度来说也是一样。城市的生命本在市井，如今却命悬他手。以人为本的口号吹得响亮却要落到实处来，创造出宜居的环境才能真正地永续发展，才能走上城市的永生之道。

以我拿来就看的习惯毫不犹豫地打开书扎了进去，没想作者是谁，没想背景为何，也没考虑时间问题就开始"细步"走在字里行间。确实是细步，作者文笔细碎以至于我觉得过于琐碎，就权当散文来读了。情感虽细腻真切，观点却一针见血，直白式的批判不留余地。这相比于振臂高呼的宣言式的规划文件和理论，更能反应城市使用者——"人"的生活细节和真实渴求。她记录街道、行人，记录儿童，记录公园和贫民窟，记录路边的摊贩和舞蹈，甚至记录张家的钥匙寄放在李家这种日常琐事……所谓事实胜于雄辩，细节之中见真实，大概如此吧。

为了更好地理解这本书，我后来查了作者写作时代的背景资料，两大因素有着明显影响——郊区蔓延和城市更新。前者源于二战后私人汽车普及，交通便利，人们选择居住在郊区，而剥离了生活气息的城市则功能愈趋单一，特别是晚上人去城空，犯罪滋生；后者是指美国20世纪五六十年代大规模的城市改造运动，这些运动以柯布西耶的"光辉城市"为模板，暴力分割城市空间，形成等级明显、内向而彼此孤立的小区，造成人和社会功能的分裂，产生了严重的社会问题。这本书就是直指这些问题而写的。

在这本书中，Jane Jacobs批判了城市规划的三个思想来源：英国Ebenezer Howard的"田园城市"理论、法国Le Corbusier的"光明城市"以及美国Daniel Burnham倡导的"城市美化运动"。

为了批判这些宣言式理论的简单乃至粗暴，作者描述了人行道、公园、街区这些元素对城市的作用，接着论述了城市多样化的条件，诸如多功能混合、小街段、老建筑、城市密度等因素，接着谈及了、城市死与生的一些主要因素，涉及多样化的毁灭，贫民区问题以及相应的资金投入问题，最终作者也给出了自己针对这些问题的一些策略，诸如资助住宅、对汽车进行限制等措施。

让我印象深刻的是，作者是以一个城市使用者的角度来看待城市所进行的规划的，用记录真实细节来反思理论，在她的笔下，你可以很清晰地感受到一种反差，美丽宏伟的上层规划和由之引发的各种各样的社会问题之间的反差，规划者主观的

宣言与城市使用者真正需求之间的反差（如居民主动拆除草坪）。比如作者通过记录现实，揭示了街道特别是人行道的公共空间性质以及对社区安全、孩子成长、邻里交往有着决定意义，临街的小贩和商业活动能使得城市空间更加丰富多样，而正统的规划理论却主张废除街道，消除这些主观上认为消极的因素。还有针对贫民区的改造，他们想当然地认为只要资金充足一切都不成问题，实际上却可能产生更大的恶性循环等等，这些都表明了当时规划者思想的盲目、简单乃至粗暴，她认为这些规划者所构想的图景或者诗意或者宏伟，但是与城市实际的运转机制无关，这些缺乏对城市生活本身的尊重和最基本的研究，使得城市成了规划的牺牲品！

这让我想起了我家乡近年针对护城湖的规划——旅游改造。其一，终结周边渔民几十年的打鱼活动，没收渔船，清理渔网，湖面一律栽植荷花，沿湖设点放置五颜六色、各种造型的旅游船；其二，为实现两湖通船而修建新桥，毫不可惜地拆除了正常使用的历史石桥，实际上新桥劳民伤财，既高且长，给桥上交通带来了很大不便；其三，拆除湖外围开发区内民居，建成钢混结构－精雕木窗－青瓦大屋顶式的仿古建筑群商业街，并计划未来几年内拆除城中心沿湖民居，修建仿古建筑，打造"中国第一古香水城"。实际上沥青铺就的街道尺度几近广场，并且缺乏绿化和座椅，沿街的店铺门面高大，气宇轩昂，商业气息过浓，完全没有市井气息和古雅情调，如今倒成了名副其实的大型停车场。其实，几番修整后的风光表象未必留得好名声，拆迁背后的酸甜苦辣只有被迁者最清楚，规划者的宏大宣言撞进现实里也只能由草根阶级默默承受，这样的小城沦为领导阶级的玩物和政绩的牺牲品，甚至都没有涉及时代鼓吹的城市理论，这真是一种莫大的悲哀。

民心者，得之则生，弗得则死，对于制度来说也是一样。城市的生命本在市井，如今却命悬他手。以人为本的口号吹得响亮却要落到实处来，创造出宜居的环境才能真正地永续发展，才能走上城市的永生之道。

一座虚拟美国城市的溯源与未来

赵正楠

100473

2 美国大城市的死与生

很多时候，个体福祉的汇集才是群体优质生活的表征。而更深层次的含义是，有一种东西比公开的丑陋和混乱还要恶劣，那就是假装秩序井然，其实质是视而不见或压抑正在挣扎中的并要求给予关注的真实的秩序。对城市而言，那是对真实秩序的忽视；对人而言，则是对心灵真实需求的压制。缺乏理解，缺乏尊重，城市成了牺牲品。缺乏倾听，缺乏包容，人成了牺牲品。

关于本书

在雅各布斯的这本书中，她从个体的视角谈及城市。这本写于 20 世纪 60 年代的著作所探讨的问题，是难以与其时代背景有任何的割裂的。

美国经历了 20 世纪 30 年代的经济大萧条，其间为了解决人力过剩问题，进行了大量城市建设；二战之后美国建筑与城市规划界的思路发生了一些变化。一方面是经济上升期对城市建设的需求，一方面是原先欧洲的现代主义建筑旗手纷纷移居美国，现代主义设计手法、现代主义城市规划，正是多快好省建设世界的"良方"。

规划师们运用了三种那个时期的流行手段——城市郊区化、建筑现代主义化、着力建造城市地标，展开了城市建设。

比如纽约开始迅速地"摊大饼"。扩大之后的城市为了加强各个区域之间的关系，不得不开始修建各种高速路构成的交通网。一波波拆迁之后，原有的社区形态分崩离析。

雅各布斯斯较早地发现了这种建设行为带来的灾难，城市原有的生活复杂性为交通复杂性所取代，居住、工作、商业截然分开，建筑毫无特色。

当时的罗伯特·摩西先生也承认有些新住宅是"丑陋、封闭、墨守成规、千篇一律、缺乏个性、没有风格"的，但他却也同时认为"这样的住宅，只要周围有公园就可以了。"（20 世纪 30 年代，人们为公园大唱赞歌，在 20 世纪 50 年代这些公园变成了滋生罪恶的场所）。

大城市的死亡——哥谭溯源

本书恰恰是针对这种背景，强调了城市的复杂性和多样性，认为只有具有多样性的城市社区才是有活力的；它还号召居民反对大规模城市建设，主动参与到城市规划的决策中去，发出自己的声音。

就我个人而言，书中所讨论的那些由于城市建设而衍生出来的消极空间所导致的社会、经济和人口的问题，让我不由联想到一座植根于美国文化、伴随着国民思潮演变逐渐发展并拥有非常庞大的故事线

在宗教意义下意味着迷途之人。也就是说哥谭，或者是纽约，是一座迷失的城市，愚人之城。

那么从城市建设史的角度来看，哥谭究竟是不是纽约？或者说，它是哪个纽约呢？

BATMAN 漫画诞生于 1940 年，整个故事的背景架构在 20 世纪 60 年代基本设定完成。故事给出了如下线索：

1. 哥谭的主城区由多座岛组成。

2. 主人公 Bruce Wayne（Batman）是居住在外城庄园（3 号地块）的富人。

3. 城市遵守方格网规划布局，拥有大片中心绿地。

4. 在主人公长大之前，这座城市就经历了大萧条、衰落和重建。

这与纽约的主城区曼哈顿岛城市布局及中央公园是一致的，并且也在经历了 1929 年华尔街崩盘以后，通过大规模的城市建设来复兴经济。

在 Batman 的逻辑中，哥谭的"罪恶"全部来源于旧城的衰败。

大城市内部的主要问题恰恰是身为城市经济行政中心其容纳能力超过极限，因此进行的郊区化引起了内城的衰败。城市中心区，在较小的面积内集中了大量的经济和行政职能，白天人口密度过高，造成交通上的严重拥挤、城市防灾的困难和城市环境的恶化。

以美国的大城市为例，市中心周围地区普遍存在着一条城市退化带。美国纽约闹市区的情况也同样严重，黑人居住区在内城，市中心无法提供停车和交通的可能，加速了内城居民的流逝和市中心的衰退。

对比哥谭，它拥有一条环城市边界

索和世界观设定的美国国民漫画 BATMAN 的背景城市，一座虚拟的城市，罪恶之城——哥谭（Gotham）。

Gotham 一词本就代指纽约。在 1807 年，华盛顿·欧文在自己的杂志文章中描述纽约的时候就使用了这个名称。Gotham 在古英语中可以被理解为 goats' home，goat

的地上轨道交通，这条环线区分了哥谭的外城和内城。哥谭首富 Wayne 和警察局长 Gordon 的家都不在内城里面，而是设置在外城。

这也就是说，BATMAN 故事里的哥谭其实已经是内城衰败时代的纽约。

而为了长时间跨度的连载和梳理庞大的叙事线索，哥谭的背景也在不断地丰富。

1. 哥谭曾经几乎被影武者组织完全烧毁，但是在主人公的父母、Wayne 夫妇和一些有识之士的帮助下又再次重建，获得了短暂的复兴。但随着 Wayne 夫妇的遇害，哥谭又再次沉沦。

2. 在这个重建计划中，最重要的一部分就是修建市内高架铁路。

3. BATMAN 的打斗画面多发生在小巷子里。

4. 在整个连载过程里，哥谭的城市氛围的定位经历了如下几个阶段：最早的时候，他们形容哥谭是 "New York at night"；20 世纪 70 年代之前的连载漫画中，哥谭变成了滋生罪恶、暗无天日、被联邦遗弃的 "No Man's Land"；直到近期，主创团队笔下的哥谭有了些活力和魅力，展示出了它在重重黑暗笼罩下的星点光明。

可以说，哥谭在历史背景和市政设施上借鉴了芝加哥，如芝加哥的环路内闹市区，外面有面积非常大的一圈城市贫民窟，被遗弃的住宅和空地面积达到了 40km²；又比如灭城大火、地上轨交系统和比纽约更多的背巷。

并且随着时代的发展，哥谭也逐渐改变着它的城市属性——它与纽约一起成长。上述第 4 条的三个阶段也就分别对应"夜晚空城"的纽约、"内城衰落"的纽约和"城市复兴"的纽约。

必须要提及的另一点是，BATMAN 的故事中哥谭永远是内忧外患的，它不仅要面对来自内部的腐朽，同时也要承受来自外部的伤害。故事中的影武者联盟，曾经映射过苏联甚至中国，而如今更像是在影射伊斯兰世界。尤其是在纽约经历了 911 大变故之后。哥谭的危机反映了西方人对来自外部的东方文明的恐惧和不信任，以及对自西方文明内部的萧条和不公正丧失信心。

同时，从情感上来说，整个 BATMAN 故事的架构都带有浓重的双城记情结。哥谭身上一直有着大革命前夕巴黎的影子。

内城贫民区滋生的所谓"罪恶"，从它诞生的一刻开始都保有它的原则，尽管带着难以消解的疯狂和扭曲。他们制造混乱，攻击政府，却一直在寻求某种意义上的"解放"。他们的逻辑，在某种程度上与狄更斯笔下的巴黎公社总有那么些若有似无的相似。那么，故事的矛盾和冲突的解决方式也必然是典型的狄更斯式：善良的富人和正义的警察捍卫了原有的秩序。这是对既成制度的捍卫，却又带着对乌合之众的怀疑，并忧惧具有颠覆潜能的力量。

电影版的 BATMAN：THE DARK KNIGHT RISES 结尾，主人公的悼词中也引用了双城记的原文："It is a far, far better thing that I do than I have ever done；it is a far, far better rest that I go to than I have ever known."（一生所作所为，此刻最壮最美。生平所知所晓，成仁最善最义）

我们不去讨论 BATMAN 的故事中所固执带有的资本主义精英决策意识。面对一座城市的衰败、腐朽和堕落，BATMAN 并不是以一个决策者（哥谭首富）的身份，向他的父母一样，用俯视的角度来看待他的哥谭。他选择用另外一种更加个人、更加卑微的身份去维护这个城市应有的秩序。

他给了我们一个同这本书一样角度的回答：人是城市的终端，一切的幸福与悲哀、欢笑与忧愁、甜蜜与苦难，最终的承受者都是作为个体的人。

因而，我更欣赏这本书中自上而下号召民众参与的态度。

雅各布斯注意到了 20 世纪 20 年代以来欧美城市规划理论与统计学的紧密结合。这使得人们对所谓城市问题进行俯瞰式分析成为可能，声势浩大的规划调查、规模宏伟的移民计划变得越来越容易。

与俯瞰的视角相对的，雅各布斯像一个真正的步行者那样进入和观看城市。她观察城市的细节，并就那些最日常的事情提问。

正是对这些细微之处的思考，让雅各布斯得出结论："城市不能成为一件艺术品"，那些城市规划者企图用简单清晰的方式表达城市的基本结构，其实是完全错误的。因为城市作为一个独立存在的结构系统，理解城市最直接的方式就是通过城市自己，而不是其他的客体，"只有充满活力、互相关联、错综复杂的用途才能给城市带来适宜的结构和形状"。

就像雅各布斯所说，围绕着城市发生的事情其实并不晦涩，任何人都可以看懂。关键在于，人们用这样或那样的视角来看待它，实际上体现的是权力关系而已。

很多时候，个体福祉的汇集才是群体优质生活的表征。而更深层次的含义是，有一种东西比公开的丑陋和混乱还要恶劣，那就是假装秩序井然，其实质是视而不见或压抑正在挣扎中的并要求给予关注的真实的秩序。

对城市而言，那是对真实秩序的忽视；对人而言，则是对心灵真实需求的压制。缺乏理解，缺乏尊重，城市成了牺牲品。缺乏倾听，缺乏包容，人成了牺牲品。

最终，城市将死。芝加哥是哥谭，纽约是哥谭，匹兹堡是哥谭，伦敦是哥谭，巴黎是哥谭……你的城市，我的城市，都会成为愚人之城——哥谭。

而我们，终将迷失在自己的愚昧之中。

大城市的复生——哥谭未来

那么，哥谭的未来会怎样？我们从城市规划者的立场来看待这座罪恶之城，它的出路又在哪里？

举个例子。

20 世纪六七十年代的纽约开始在曼哈顿岛旁边修建罗斯福岛，为内城复苏而进行的城市更新与改建。

罗斯福岛位于纽约市曼哈顿区与皇后区之间的东河上，1950 年以前这里是一个人烟稀少的小岛，仅有监狱、感化院和慢性传染病院等少数建筑。1969 年为了复兴内城，在美国政府的资助下，开始建设这个城中之城。

罗斯福岛的建设体现了如下的一些特点：

1. 为不同收入和不同种族的居民建造各种类型的新型住宅。
2. 创造了不受车辆交通影响和不受污染的环境。
3. 有良好的公园绿地、娱乐设施、社区设施和商业服务设施。
4. 有良好的城市景观。

而这座罗斯福岛，就是 BATMAN 故事中的阿卡汉疯人院的原型，也就是上图中的（2）号区块。

已经过去的历史告诉我们，哥谭的极端罪恶终究会被一种重塑城市的方式消弭。用一个新的中心来对抗原有衰败的城市中心。

哥谭会在一轮又一轮的城市更新中，逐步清理掉它滋生罪恶的温床。但是，这是不是就是故事的结局呢？

从这本书的观点来看，答案显然是否定的。而20世纪60年代初，正是美国大规模城市更新计划甚嚣尘上的时期，在那时的规划思想中，城市还没有完成从视觉艺术空间向综合社会场所的转变。雅各布斯的这部作品无疑是对当时规划界主流理论思想的强有力批驳。此后，对自上而下的大规模城市更新的反抗与批评声逐渐增多：如此往复的更新，最终也不过杯水车薪，换来的是一种短暂的、表层的复生，说是回光返照也不为过。

雅各布斯认为"多样性是大城市的天性"，现代城市规划理论将田园城市运动与勒·柯布西耶倡导的国际主义学说杂糅在一起，在推崇区划的同时，贬低了高密度、小尺度街坊和开放空间的混合使用，从而破坏了城市的多样性。

针对衰败的大城市中心，挽救现代城市的首要措施是必须认识到城市的多样性与传统空间的混合利用之间的相互支持。本书提出了4点补救措施：

1. 保留老房子从而为传统的中小企业提供场所。

2. 保持较高的居住密度从而产生复杂的需求。

3. 增加沿街的小店铺从而增加街道的活动。

4. 缩小街块的尺度从而增加居民的接触。

同时，雅各布斯还用社会学的方法研究街道空间的安全感。传统街坊有一种"自我防卫"的机制，邻居（包括孩子）之间可以通过相互的经常照面来区分熟人和陌生人从而获得安全感，而潜在的"要做坏事的人"则会感到来自邻里中居民们的目光监督。雅各布斯据此发展了所谓"街道眼"的概念，主张保持小尺度的街区和街道上的各种小店铺，用以增加街道生活中人们相互见面的机会，从而增强街道的安全感。后人受其启发并将"街道眼"概念拓展到"领域所有权"和由此产生的防卫责任感。

从微更新的角度上讲，雅各布斯的观点能在很大程度上缓解哥谭的城市衰落，并引导它走向复生。但是，我们也无法忽视，本书缺乏对贫穷问题的深刻认识，对于美国城市严重的种族问题更是避而远，和雅马萨基犯同样的错误。

在她所描绘的城市图景中，没有阶级对抗，"街道芭蕾"所宣扬的也是无阶级的"多样性"。在她眼中，人们会自发地组织生活，毋需领导便会过得很好。她心目中的理想城市里生产、商业与消费自然运转，一切都是那么的平和而又令人兴奋……

但是，书中鼓励人们返回城市中心带来的却是低收入街区的中产阶级化，贫民们仍然遭到驱赶，并在城市边缘滋生新的贫民窟。

雅各布斯的观点，在后来曼哈顿南段的城市更新中被借鉴使用。

而有一种观点却认为，今日的纽约已被中产阶级化和旅游业改变为两个世界：一个富人的纽约和一个穷人与移民者的纽约。

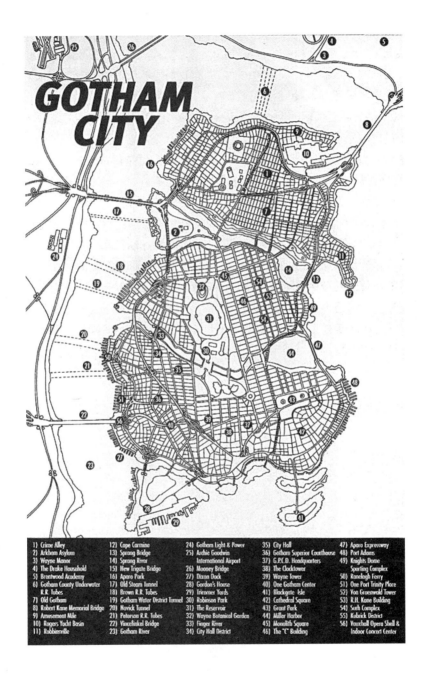

GOTHAM CITY

1) Crime Alley	12) Cape Carmine	24) Gotham Light & Power	35) City Hall	47) Aparo Expressway
2) Arkham Asylum	13) Sprang Bridge	25) Archie Goodwin	36) Gotham Superior Courthouse	48) Port Adams
3) Wayne Manor	14) Sprang River	International Airport	37) G.P.C.D. Headquarters	49) Knights Dome
4) The Drake Household	15) New Trigate Bridge	26) Mooney Bridge	38) The Clocktower	Sporting Complex
5) Brentwood Academy	16) Aparo Park	27) Dixon Dock	39) Wayne Tower	50) Ranelagh Ferry
6) Gotham County Underwater	17) Old Steam Tunnel	28) Gordon's House	40) One Gotham Center	51) One Port Trinity Place
R.R. Tubes	18) Brown R.R. Tubes	29) Tricorner Yards	41) Blackgate Isle	52) Von Gruenwald Tower
7) Old Gotham	19) Gotham Water District Tunnel	30) Robinson Park	42) Cathedral Square	53) R.H. Kane Building
8) Robert Kane Memorial Bridge	20) Novick Tunnel	31) The Reservoir	43) Grant Park	54) Surth Complex
9) Amusement Mile	21) Peterson R.R. Tubes	32) Wayne Botanical Garden	44) Miller Harbor	55) Kobrick District
10) Rogers Yacht Basin	22) Vincefinkel Bridge	33) Finger River	45) Monolith Square	56) Vauxhall Opera Shell &
11) Robbinsville	23) Gotham River	34) City Hall District	46) The "C" Building	Indoor Concert Center

纽约尚且如此，何况纽约的黑夜——哥谭呢。

BATMAN 的故事用危机来拷问西方文明。它讨论文明社会内个人的选择与信仰危机；它揭露道貌岸然者，诠释秩序与混沌；对"互惠主义"的层层解构，将观众一步步逼向道德伦理上的绝境，阐述了无政府主义的政治观；最后，还要用文明内部的革命力量来问责个人层面的道德。

它的希望只能寄托于每个人的转变，不能依靠自上而下的施舍；只能祈求秩序，而不能指望自律。它是一个让人相信人性本恶的城市，所以它需要 BATMAN 式的人物来规范它，不让其放任自流直到毁灭。

因此，哥谭的城市，永远有着尖锐的矛盾、无尽的黑暗；哥谭的市民，内心永远被阴霾笼罩；哥谭的城市生活永远不可能那么平和，它是包裹着文明假象的蛮荒。哥谭没有信仰，只有恐吓。

哥谭无法借助规划层面的手段来获得光明的未来，正如没有城市可以获得完全而永恒的福祉安康。哥谭是我们内心的阴暗，是每个城市的灰色地带。

幸而哥谭只是人们的一种极端设想，而我们的城市依旧能够拥有未来。

所以，尽管本书成书已近 50 年，雅各布斯书中的不足也逐渐显现出来：她没有探讨大型企业对城市生活的影响，她忽略了营建小而复杂的社区必将给基础设施建设带来的压力。

但她书中所渗透的人文精神和自下而上的民主意识仍打动着我们：是她带来的影响最终撼动了那些高高在上的专业人士，使他们看到普通居民的生活可以那样丰富——一个城市，本可以更好。

而哥谭，是我们用这本书以及以后积累的规划理论能够避免的未来。

城市的小尺度

杨扬

1150254

如何去考虑和实现城市的小尺度性。这是一个思维逻辑的问题。完全自上而下地做城市设计，尤其是旧城改造设计，显然不符合小尺度性的思考方式，因为俯视的视角本就会造成设计者的视线蒙蔽，更不用说去体验街道生活了。但是，城市又不能没有统筹理念，完全自发的行为也是不存在的，基础设施的作用应该是在辅助生活的同时对行为进行限制和指引。

城市是个剧本，每个街道和建筑都有自己的角色。一个生动的好剧本里，每个角色都有自己的特性，但是最终他们又都为剧本服务，融入到剧本里，揭示它的精神本质。所以我说，城市有小尺度性——无论我们如何纵观全局，最终到了城市里，我们都是从阅读每一个角色来感知整个剧本的。

作者并没有专业背景，但是她的论点一针见血，说穿了当时专业人都没有看透的问题。她娓娓道来的并不是城市，不是规划，不是设计，而是生活。但是再一想，所有的城市规划设计终究也还是生活，只是权威知识和教科书用理论剥夺了我们用平常心态去感受生活的能力，于是我们自诩成了高高在上的主导者，将脑子里的理想城市信以为真。

城市远远要复杂得多，就像故事要起承转合，跌宕起伏。没有什么是可以被完全否定或肯定的——大建筑的地标性和小建筑的宜人性，高密度的活跃性和低密度的私密性，功能区的独立性和混合区的便捷性……雅各布斯在书中说："多样性是城市的天性。"所有的命题都没有标准答案，因为再精密的数据也无法测算人们偶然自发的行为，所以永远不要试图去规划人的生活，人们并不会根据设计者的意图而生活，只能是设计者为人的生活而设计。

城市是人类聚居的产物，成千上万的人聚集在城市里，而这些人的兴趣、能力、需求、财富甚至口味又都千差万别。因此，无论从经济角度还是从社会角度来看，城市都需要尽可能错综复杂并且相互支持的功能多样性来满足人们的生活需求。"大规模计划只能使建筑师们血液澎湃，使政客、地产商们血液澎湃，而广大普通居民则总是成为牺牲品"。雅各布斯主张"必须改变城市建设中资金的使用方式"，"从追求洪水般的剧烈变化到追求连续的、逐渐的、

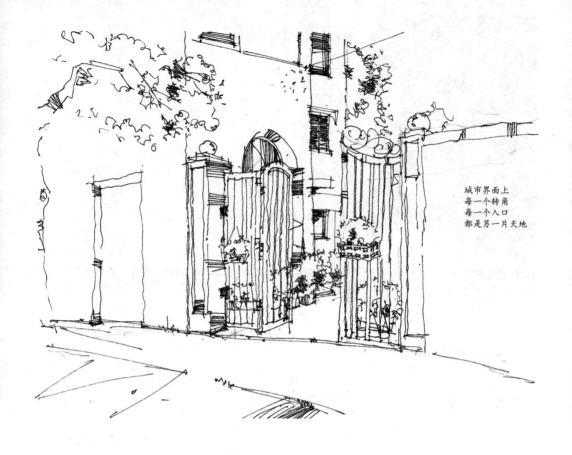

城市界面上
每一个转角
每一个入口
都是另一片天地

复杂的和精致的变化"。

如何去考虑和实现城市的小尺度性。这是一个思维逻辑的问题。完全自上而下地做城市设计，尤其是旧城改造设计，显然不符合小尺度性的思考方式，因为俯视的视角本就会造成设计者的视线蒙蔽，更不用说去体验街道生活了。但是，城市又不能没有统筹理念，完全自发的行为也是不存在的，基础设施的作用应该是在辅助生活的同时对行为进行限制和指引。

所以小尺度性的第一要义应该是观察原有城市环境并发现其中的美，做扎根于原有环境的新设计。观察城市需要统筹和全局的眼光，而发现其中的美又让人不得

不深入到细小的生活中。这里的美是指活力和生命力，雅各布斯从脏乱差的社区中看到了这种美，而干净整洁的新社区在她眼中却死气沉沉，这就是因为人们的生活有自我的秩序，如果城市设计把所有的秩序打破重塑，不但没有尊重，而且如书中所说："有一种东西比公开的丑陋和混乱还要恶劣，那就是一副虚伪面具，假装秩序井然，其实质是视而不见或压抑正在挣扎中的并要求给予关注的真实秩序。"

雅各布斯对小型商业企业，尤其是小规模、街道层次的零售商业的偏爱，使她几乎全然忽略甚至排斥大型企业（诸如房地产业和财产管理产业、金融部门、建筑产业等）

对城市的作用。当然，事实上，城市的发展早已说明，这些大型企业无一不在现代城市中扮演着重要角色。"大"与"小"之间实际上存在着一种辩证关系，城市的多样性本身就意味着大企业的不可或缺。雅各布斯虽然提出了"小并不等于多样性"，但在当时小企业普遍遭到大企业排挤而面临生存危机的情况下，她的感情因素占了上风。

另外，雅各布斯最多提及的人的生活的自我运转和发生似乎也缺乏对社会分层现象和贫穷问题的深刻认识，对于美国城市严重的种族问题更是避而远之。在她所描绘的城市图景中，没有劳资对抗；"街道芭蕾"所宣扬的也是无阶级的"多样性"。

此外，雅各布斯虽然对城市的社会经济现象洞察秋毫，但当她倡导以"多样化的区划"取代同一化时，她觉察到两者之间需要某种调节手段，但却只字不提城市的基础设施建设，未能对大城市规划中的这个关键问题展开必要的思考。

所以，雅各布斯虽然抵制纸上谈兵的乌托邦城市设计，但自己是否就可以完全摆脱乌托邦的思想呢？又或许城市规划的理论都难以摆脱乌托邦的嫌疑，所以历史只能不断地循环往复和矛盾向前，每一次沉痛的批判都是一次反思，每一个改革的声音都是因为在用心感受城市给我们的回应。

3 穿墙故事——再造柏林城市

沈祉杏
清华大学出版社，2005 年 10 月

柏林可以说是欧洲唯一一座将 20 世纪沧桑全都收录的城市，世纪初的繁华、世纪中的战事以及政治上的冷漠，一一展现在她城市的肌理脉络中；作为统一后德意志联邦共和国的首都，肩负着厘清德国过往与未来的重大使命，然而除却冰冷理性、代表着富强现代国家的分类指标，寻常的她散发出什么味道？透露出什么风华？她有一种难以言喻、在其他城市里感觉不到的独特调调，说不上是舒适悦人的，只能说她是有个性的；就像德国电影《罗拉快跑》里的罗拉，染着怪异橘红色头发，长得不美不丑，也非有棱有角，身材虽高却不修长优雅，衣着既不时髦也不复古，个性叛逆孤僻，表情冷漠，但意志坚强，总想一再改写历史。

柏林城市，无论是政治、战略、经济或是人文方面都扮演着非常重要的角色，而像这样大规模的城市重建，在近代以降的欧洲城市中尚未发生过，可以预期所面临的高度困难；另外，二战后德国政府倾向政治人性化，加上德国民族性的天生谨慎，在面临都市重建问题时，必然采取了非常慎重的处理方式，因此可以预期，无论手法高低与成果如何，这些都将提供都市计划与建筑界许多宝贵的经验。

读城：上海和柏林

胡鸿远

080400

我生活在上海，我向往着柏林。

这两座城市对我而言，都无比的真实，但是在所谓的真实背后，却总有让人捉摸不透的缥缈情怀，仿若雾里看花是氤氲的层层水汽——不过这未尝不是一种赏心悦目的美感。上海就像一个饱经沧桑未衰已老的青楼女子，在精致的粉黛铅华之下，总有一种不堪回首却对繁华流年无比怀念的挣扎，以及一丝丝看破烟尘的骄傲。柏林就像一位曾经叱咤风云、挥斥方遒的前朝老将军，他会骄傲地展示身上的伤疤，珍爱地婆娑胸前已经暗淡的勋章，遥想当年却始终敌不过一声叹息。

双城记

我生活在上海，我向往着柏林。

这两座城市对我而言，都无比的真实，但是在所谓的真实背后，却总有让人捉摸不透的缥缈情怀，仿若雾里看花是氤氲的层层水汽——不过这未尝不是一种赏心悦目的美感。上海就像一个饱经沧桑未衰已老的青楼女子，在精致的粉黛铅华之下，总有一种不堪回首却对繁华流年无比怀念的挣扎，以及一丝丝看破烟尘的骄傲。柏林就像一位曾经叱咤风云、挥斥方遒的前朝老将军，他会骄傲地展示身上的伤疤，珍爱地婆娑胸前已经暗淡的勋章，遥想当年却始终敌不过一声叹息。他们，都已经远别了自己的黄金年华。

人们总说上海是个充斥着女性气质的城市，但这样的气质却区别于母亲般的和蔼包容，更像一个身影摇曳的旧日贵族。这也难怪张爱玲能将最上海的上海刻画得入木三分，因为这座城市的情绪早已和她互通，她能够读懂上海的每一个眼神、每一次蹙眉，就像解读镜子里的自己一样。我从未踏上柏林的土地，从未感受过柏林运转的速度，也从未直视柏林人的眼神，但每每说及此，总会浮现出德国队老队长卡恩的身影，坚毅却蕴藏温和，默默挑起国家、民族乃至世界的目光，永远不轻视也永远不低头。

似乎这两座城市并没有什么交点，但在读过陈丹燕的《永不拓宽的街道》和沈祖杏的《穿墙故事——再造柏林城市》之后，

在我眼中他们的身影在现今过往中却渐渐交叠，仿佛看到一块伤口愈合的欣喜和遗憾。这种情感上的共鸣，也堪同潜移默化了两本书的作者，尽管文章的取向有所差距，但在字里行间的微笑叹息都是那么的神似。

在《穿墙故事》中，沈先生穿梭于柏林的街头巷尾，寻觅在柏林重生过程中具有代表意义的建筑，并从一个建筑师的角度加以解读。这本书就像是一本字典，将柏林的情感和气质对应到柏林城市的建筑上，用视觉和触觉的感染力娓娓诉说城市的情怀。从旧建筑改造更新到新建筑的拔地而起，书中的柏林是如此暗藏生机，民族统一的情感积蓄已久而蓬勃释放。建筑本身充满了故事，无论是新的还是旧的——在新旧交织的节点，这样的相聚取舍则充满了哲学魅力。在西方的大都会中，柏林的城市灵魂最为复杂。纽约一切向利益看齐的纯粹和残酷，伦敦贵族般的骄傲和寂寥，巴黎在自己的世界里文艺着狂欢——柏林却在新与旧、历史与现实、商业和文化中徘徊，没有准确的意向，或者说他的意向就是混沌。复杂的城市气息也让柏林有着强大的包容性，银行家和哲学家都可以找到生存的土壤。这种复合性，就城市而言，就印证在了议会大厦的穹顶上、波茨坦广场的街角边、勃兰登堡门的余晖中……然而在这样蠢蠢欲动的萌发背后，阵阵让人欲罢不能的是充满阅历的智慧和淡定。

而《永不拓宽的街道》则选择了另外一种成书逻辑。这是一本讲述城市、讲述街道、讲述建筑的书，但书中却从未正面地直白地叙述过。所有的内容都在讲故事、讲历史、讲现实、讲变化，用感性的、世俗的方式在解读城市的灵魂。如果说《穿墙故事》用建筑解读情感，《永不拓宽的街道》就是用情感在解读建筑。或是淡淡的笑意，或是冥冥的悲伤，但却可以朦胧又清晰地感受到屋顶上德国瓦片的温度、墙角上微颤丁香的芬芳。书中的每一条路似乎都已经有了独立的性格，他们像一群年迈却讲究的昔日富家小姐，相望相知，共同维持着上海之所以为上海的灵魂气脉。这座偌大的上海城，在书中被刻意得直接成了意向的碎片——我想这本书本是写给有过上海生活经验的人读的，他们不需要

笼统而完整的定性，见微知著，用作者提供的拼图刻画出千千万万个不同的上海。这也如书中的插图，全都是意兴阑珊的手绘，轻描淡写或浓墨重彩都无所谓，也从未清晰地指向某个地点，但却能勾起读书人的回忆，那种似曾相识，那种桑田沧海，最是让人难以自拔。陈丹燕先生用散文的笔调、小说的行文，摹画出了上海超乎物质形态之外的魅力，尽管这不太柔和的脸庞里包含着太多的荣耀、耻辱、无奈、轻佻、骄傲、委屈以及许许多多莫能名状却又可感可知的情绪。

城市需要感性的对待

其实这两本书都只是不同的作者在不同的城市用不同的角度以不同的行文讨论一个问题：城市文脉的延续与更新以及这个过程对城市中人和建筑的影响。而我认为，这恰恰也是历史建筑认识、保护和重生过程中的灵魂要素。

这个过程首先是感性的，而后才是理性的。

从认识上来讲，什么才是历史建筑，或者说是有价值的历史建筑？我认为这并不单单涉及建筑的建成年份，甚至也不是能够量化的文物等级，而是建筑作为一个场所和见证者在其存在期间经历的故事。拥有故事的建筑就如同拥有故事的人一样，魅力和气质总是收敛却不可抵挡地缓缓溢出，这也许就是人的气场和建筑的文脉吧。这样的影响是根植于人们的认识深层的。所以人们想起柏林的时候总是浮现出柏林墙的残垣、保留着硝烟痕迹的勃兰登堡门和议会大厦；但他们远不是柏林最有历史的建筑，他们有的只是数不清的扣人心弦或催人泪下的故事。而在上海也一样，和

平饭店和静安别墅似乎永远是人们的朝圣之地。当然，我并不是说其他的普通的建筑就没有故事，只是他们的故事都很私人化，也许是一个家族或者一段感情的见证。然而，那些升华成为城市象征的建筑和街区却仿佛出现在每一个人的故事中，他们的命运和市民、城市乃至国家的命运紧紧相连，相互映衬，成了城市文脉的一部分，他们才是最有价值的历史建筑。

从保护和重生上来说（我认为这两部分不可分割而论，重生是保护的一种，保护则是重生的基础和依据），这也影响了相应的策略：是全盘保留还是取精去粗？是补旧如旧还是重现辉煌？是延续功能还是另觅他用？这些问题在理性的角度似乎很难取舍，往往只有从感性上来作出判断：就像在柏林议会大厦留下的盟军涂鸦、沙逊大楼餐厅的精致钢窗……

同时，保护和重生的对象并不限于建筑，有时候却更要从城市乃至文明的尺度来判断。比如《永不拓宽的街道》中所有的街道都像其他的马路一样被整修，光滑黝黑的沥青也都无情地覆盖了以前也许是碎石也许是水泥的路面。但这并不意味着无知和破坏，从城市和社会尺度上来说，正是适当的整修让这些街区依旧能够融入现代城市的血脉，而不至于成为故宫一样的死城；"永不拓宽"的原则保持了这些有丰富家底的街区能够以某种用形式上的不变来延续街道的故事。我认为，历史建筑或者历史街区要能够持续地传承其内涵，就要追求某种适当程度的变化；这样他们才活在历史中，而非死在回忆中。我很赞同陈丹燕对于外滩公园的中性态度：英国人胜利女神的拆除是外滩公园的一部分，陈毅像和人民英雄纪念碑也是外滩公园的

一部分——他们都代表着一段不可分割不可忽略的历史。同样以新建筑的躯体融合进历史文脉的还有柏林的犹太人博物馆：前卫的造型并没有在城市中显得浮躁和特立独行，锋利的建筑语言表达的情绪已经烙印在了柏林的城市文化之中，故而依旧显得非常和谐。区别与饱受批评的"推倒从来"的典型中国式建设方法，这种渐进的更新从未切断地区的文脉，还会在文脉的传承中加入当下时代的因素，甚至让文脉焕发新的光辉。一个成功的案例就是巴黎的埃菲尔铁塔。当然，要做到埃菲尔铁塔的成功绝非易事，这关乎尺度的把握，还有天时地利，但能沿着这样的方向去进行历史建筑和街区的保护和更新，也定是一种好的趋势。

包容的城市灵魂

上海和柏林似乎都找到了新和旧的共生点（当然，从我的角度而言，柏林做得更好，上海依旧四处可见野蛮的城市更新，但在中国却已经显得比较有节制了），这也许是因为两座城市的文脉之中，除了基本的历史文化的潜移默化，更有一种基于人性本质的跨越地域和肤色差异的优越感和由之而生的包容性。正是由于优越感的存在，这里的居民都有种不可泯灭的自信和骄傲，这反而从道义上逼迫他们变得更加包容，不去计较。这就像中国鼎盛之时的唐都长安，对于文化和个性的包容是现今的中国人难以想象的。

这样的包容既包括对"新"的包容，又包括对"旧"的包容——这样的"新旧"不止于建筑或者城市，同样也适用于居民的文化。有包容性的城市常常充满自信，他们会大方地承认不光辉的历史，并不会

去刻意泯灭或者遮掩；他们也会对取得的成就云淡风轻，不会去大肆地宣扬而变得庸俗。城市的包容性并非如同家长对孩子的包容，那是无私和无间的。沈祉杏先生曾在《穿墙故事》的第一篇就描绘过柏林的城市氛围："虽然如此，许多地道的柏林人可是很享受这份疏离与未知，因为在这种人与人的距离之中，可以产生互不干涉的包容。"其实上海又何尝不是有这样的包容呢？

正是这样的包容，允许了不同故事的存在和延续。也是这样的包容让跌宕起伏的复杂命运痕迹得以存留，将上海和柏林的身影重合在了一起：他们都曾经是世界的中心之一，他们都曾融汇不同的文明，他们都有过"孤岛"的历史，他们都在一段时间里失落过，他们又都在今天浴火重生、大放异彩。

上升到普遍意义的层面，我们对待历史建筑的再生，也应该秉承这样的包容性：不去试图覆盖他们本来的故事，无论是好的还是坏的，而是寻找适当的方式去续写，加入时代的精神，丰富故事的内容。我想这也是我读两部作品的最大收获吧。

柏林初印象

李骛

穿墙故事
——再造
柏林城市

虽然这些纪念性建筑和装置比较夸张或者说前卫，是建筑和个人的秀场，但这个秀场也是十分审慎的，这些建筑和装置作品的生成过程都经历了十分艰难和复杂的过程，有的甚至中途被勒令停工，如彼得卒姆托的在暴政地形的项目。此处亦可见德国政府对历史的审慎态度。可见，一段历史在人们心中的痕迹是难以磨灭的，柏林，注定要永远背负着历史的包袱，是疲惫地迈步还是坚定地前行，要看柏林人民自己的选择。

我从未去过柏林，也从未向往过柏林，但这并不妨碍我因为这本书爱上柏林。

在读这本书之前，对柏林的印象似乎只有两个时间——1961、1989，其意义不言自明。在这两个时间之间，那道捉弄命运的隔离墙两边，上演了无数触目惊心的人间悲喜剧。同时也使柏林这座城市成为了世界上独一无二的城市。我想，世界上再没有第二座城市像柏林这样，承载了如此纷繁复杂的历史、政治、文化的记忆。作者沈先生将她比作一个女人，一个不只是耐人寻味的女人，一个带着难以一语道尽的魅力的、不断处于转变中的努力的女人。关于柏林，关于她欢乐与美丽的诉求，关于她庄严与冰冷的政治，关于她保守与前卫的争执，关于她的诗情画意与颓废之美，让我欲罢不能地深陷其中。从沈先生细腻准确的文字中，我领略了柏林悠久的历史和美轮美奂的建筑，带着淡淡的舒尔特海斯啤酒的清香和一点点微醺的醉意，从严肃的帝国议会大厦走到失落的柏林宫殿广场，穿过屹立的勃兰登堡门，感受波

茨坦广场的喧嚣，悉数北欧使馆群立面上的墙板，聆听犹太人纪念馆惨痛的语音。诚然，沈先生的立场是学术性、批评性的，其时间向度上的全方位拉结与空间上的多视点覆盖构成了一个涉及所有敏感论题的空间矩阵，个中观点我现在还不能理解。她并没有停留在单纯的建筑评论上，在她的眼中，柏林更像是一个前世久经沧桑而今生在希望和迷茫中努力前行的孩子，而她恰好见证了这个重获新生的孩子的成长历程，因此对柏林有着复杂而深切的感情，所以任何以一种单纯的建筑评论的眼光来看待这本书的观点都是肤浅的，沈先生更像是从建筑的角度出发来描绘柏林的历史文化气质，表达一种情感，为读者还原一个真实的柏林、一个复杂的柏林、一个无奈的柏林、一个充满希望的柏林、一个可以引发读者思考的柏林。可以说，这本书给了我对柏林的最初印象，在这篇文章里，我就想谈谈这一最初的印象是怎么样的，这些印象或许和建筑与城市有关，但并不会涉及过多技术层面的评论或借由柏林的重建而反思国内城市发展的利弊，感性的成分可能会更多一些。

一、关于政府和政治

也许是两次世界大战之间政治上的起起伏伏，作为首都居民的柏林人对于政治已然冷漠。沈先生在谈到柏林人的政治态度时引用了阿尔弗雷德·克尔的一段话：他们（柏林人）模仿与嘲讽着塑像，嘲讽着成功商人的名字，嘲讽着寂寞单身女子染色的眉毛，嘲笑年迈的老马，嘲笑着世俗夫妻以及嘲笑着圆筒大礼帽，但在政治面前他们保持沉默。这段话足以说明这一点。矛盾的是对于政府来说，统一之后的柏林

其政治意义更加重要，统一前位于波恩的许多政治机构都要迁回柏林，因此对政治建筑的重建相当重视、慎之又慎。虽然政府的许多重建项目都运用了大量的透明玻璃，创造了许多公共空间，但柏林的政治建筑无论多么透明开放，总有严肃死板的一面，柏林市民对这些政治建筑比较反感，因为柏林的市民，或者是整个欧洲民众的共同形象，普遍拥有对政府质疑、对政治持戒的心态，尤其是知识分子。在这种情形下，很难出现类似美国的爱国主义狂热的情况，柏林市民并不以市内的总理府或总统府为傲。然而柏林作为德国的首都，终究逃避不了政治的意义，政府要唤起市民的政治热情，看来通过造房子还是不够的，政府还有很多的工作要做。

二、关于失落的广场空间

两德统一已经十多年，东柏林在德国政府的努力下，正准备脱胎换骨加入现代资本主义行列，虽然一切的一切都如火如荼地进行着，但凡走过的必留下痕迹，于是，凡是以前东柏林所属地区，或是靠近柏林墙的三不管地区，这些城市空间至目前为止，仍强烈透出一种怪诞的空旷荒凉，或是漠不关心的突兀隔离。这些失落的城市空间处理起来实在复杂，即使是相对比较成功的波茨坦广场的改造，还是不足以满足少数集团的需求。在重建或修复的过程中，德国政府和民众始终在"延续历史"和"创造未来"之间游移不定，建成的项目大抵饱受批判，而大量市中心地块因为难以决断，至今仍然任其荒芜和空缺。我想，这可能是严谨保守的德国民族性的宿命，抑或是沉重的历史包袱下的步履维艰。德国的保守势力似乎很强大，他

们对于城市和建筑的态度永远是尊重历史，在这一点上，就算十分张扬的弗兰克盖里也得乖乖听话。在他设计的 DG 银行项目中，他的近乎疯狂的想象力和创造力也只能在内部施展，而建筑外围还是规规矩矩地尊重了周边的文脉。与之有类似遭遇的还有库哈斯，在他获准设计荷兰大使馆之前，他的主张曾因为与柏林的建设局局长保守传统的理念不和而致使他在柏林五年以上无法得到任何柏林官方建筑工程。对于柏林的建筑形象，听到的更多是传统和封闭，很少有像 CCTV 或古根海姆博物馆那样的建筑。虽然柏林人一直在延续历史和创造未来之间游移不定，但他们更多时候是选择延续历史的。柏林人一直背负了太重的历史感，以至于有些固执和教条。但也造就了他们严谨务实的垂直排线的民族性。

三、关于市民生活

电视电影等消费性娱乐，或者参加各式运动团体，或是野外休闲等，这些活动不分层次，广受柏林市民喜爱。当然，欧洲传统的咖啡休闲文化同样深受柏林人的喜爱，并且这种喜爱不分阶层。夏季艳阳高照的时候，咖啡馆将桌椅延伸到人行道上，总是座无虚席。此外，柏林的市民休闲形态中，还形成了一种以环保为诉求的休闲文化，例如，由于轮滑和滑板的流行，使得大都市中以汽车为主的交通，有时也必须让步，在某些特定时刻，柏林的某些主要交通要道会封街，禁止汽车通行，以供轮滑运动者与滑板运动者专用。柏林民众喜爱的休闲空间非常多样，从古迹利用的怀旧建筑、整洁秩序的理性建筑以至超现代的高科技建筑都有。然而，对于一般民众而言，最重要的不是建筑风格或新旧，不是本土或外来，而是空间品质。柏林一些受欢迎的公共活动空间的空间品质都非常精良。

四、关于历史

再次回到这个对柏林人民来说非常沉重却又不得不面对和思考的问题。

柏林，曾经是一个那么有影响力的城市，这里上演了太多的历史纠葛。稍远一点，她是世界历史长河中不可忽略的普鲁士王国、魏玛共和国的首都。近一点的 20 世纪三四十年代，柏林在一个政治狂人的肆意舞动下，成为一个发动第二次世界大战的中心。后来，柏林被盟军攻克，战争的车轮把这里的一切碾成碎片。再后来，柏林惨遭人为的分割，成为了两个泾渭分明的城市，使得原本统一的民族成为不同制度的国家。所幸的是，十几年前，那条刻在德意志民族心中的伤疤终于被抹平了。只是，当人们现在走到这个城市的某个地方，仍然习惯称它：这儿是西柏林，这儿是东柏林。一些事实表明了德国政府在国际督导与本身人道主义的提升下，对过去的暴行的反省已经深入城市空间的各个层面。然而在历史问题上，建筑只是柏林人态度的一小部分，对于历史的反省是柏林人的无奈，亦是契机，催生了像里伯斯金的犹太人纪念馆、彼得·艾森曼的被屠杀犹太人纪念碑等一系列的纪念性建筑和装置。虽然这些纪念性建筑和装置比较夸张或者说前卫，是建筑和个人的秀场，但这个秀场也是十分审慎的，这些建筑和装置作品的生成过程都经历了十分艰难和复杂的过程，有的甚至中途被勒令停工，如彼得·卒姆托在暴政地形的项目。此处亦可见德国政府对历史的审慎态度。可见，一段历史在人们心中的痕迹是难以磨灭的，柏林，注定要永远背负历史的包袱，是疲惫地迈步还是坚定地前行，要看柏林人民自己的选择。

总而言之，柏林给我的初印象不能简单地用几个词概括，因为她是一个复杂的城市，这种复杂主要是关于历史和未来、保守与前卫，但毋庸置疑的是，历史是柏林永恒不变的主题。

看见的，看不见的

毕敬媛

090331

穿墙故事
3 ——再造
柏林城市

以卡尔维诺的一句话作结："城市就像一块海绵，吸汲着这些不断涌流的记忆的潮水，并且随之膨胀着。然而，城市不会泄露自己的过去，只会把它像手纹一样藏起来，它被写在街巷的角落、窗格的护栏、楼梯的扶手、避雷的天线和旗杆上，每一道印记都是抓挠、锯锉、刻凿、猛击留下的痕迹。"

看见了什么，看不见什么

一个城市的气质是看不见摸不着的，然而真正有气质的城市却总能让你在一踏入的瞬间就被感染至深，上海和柏林就是这样两座城。如果上海是小资前卫而时时刻刻精打细算的女白领，柏林大概就是古典沉静且分分秒秒都在思考的哲学家，关于这两个城市的书甚至也都沾上了这样的气质，这是我在阅读中最直接的感受。不过，关于城市气质的思考则是在读《看不见的城市》的时候就开始了的，寒假时的一次上海—北京—上海的行程更让我直接地看到了两个大都市有着怎样不同的气质。

学建筑的我们，应该已经习惯了图纸上的城市空间，常常有这样的情况，老师拿出一张城市的控制性规划，对着色彩斑斓的总平面指点——这是一个好设计或者这个规划不合理云云。这样的习惯常常会造成我们思维上的某种定势，看一个城市好不好一定要从天空上俯视，或者搜索 google earth 地图来做区块分析，我们甚至以为图纸上的城市才是一个城市本来的样子。然而看了这两本书，就会发现城市真正的样子在它的每一条街道之中，每个人的行为生活中都逃不开城市的影子——这些都是那种建筑学的眼睛所不能发现的。

对于城市设计者来说，究竟是看得见的图纸重要一点，还是看不见的城市更加重要？而对于那些无意闯入一座城市的游人，究竟是看得见的街道代表了城市，还是看不见的图纸代表了城市？答案已经显

求不拓宽的街道——福州路采风.

090331 毕露绘曼 2012/4/17.

而易见。

简·雅各布斯在《美国大城市的死与生》里谈到了城市规划者陷入了一个伪科学的圈套，她说："正确描述不是来自于世界应该是什么样的，而是来自于它实际上是什么样的。城市规划及其同伴——城市设计——的伪科学甚至还没有突破那种一厢情愿、轻信迷信、过程简单和数字满篇带来的舒适感，尚未开始走上探索真实世界的冒险历程。"而这一次的阅读是两次深入街道的体验，这正让我意识到之前所受的关于城市规划的理论教育，也许并不科学，也许并不能够作为评判城市的凭证。

相比于北京，柏林和上海毫无疑问是两个发展的健康得多的城市，而二者的气质也许正可以通过与北京的对比显得更加立体。

柏林——城市的自律性

自律的人可以控制自己一些不恰当的表现，自律的城市亦如此，柏林无疑具有高度的自律性。这可能跟日耳曼人骨子里的严谨甚至苛刻有关，也可能是德国二战后作为战败国的集体谦卑心理。纵观街道立面，新建建筑与原有历史建筑连成一片，即使由于技术变更，但仍可从形体、标高等因素中找到沿革，少有跳脱。以书中案例卒姆托的暴政地形档案馆为例，基地坐落于当年纳粹主要政体的落脚处，以柏林墙为界。这是一个残垣遍地的环境，二战时期被轰炸至建筑严重损坏，战后只剩地基和地下室，两德分裂时又作为边界，周边遭到荒废——可以说作为柏林市中心实在有些难登大雅之堂，但就是在兴建新建筑的时候，考虑的也是充分尊重这样的历史环境，基地上原有的一切都被保存下来

见证历史，不加任何美化和改造。这令人不得不对德意志民族肃然起敬，陀思妥耶夫斯基有一句话叫："提旧事者失一目，忘旧事者失双目。"相信也正是这样的尊重历史、不逃避责任的态度使德国在二战受到毁灭性打击之后迅速地重建并再次崛起。

而北京是一个绝好的反例，这是一个在权力与政治的胁迫下失掉自律性的城市，现在已经在吞食自己的恶果了。北京是一个有千年历史的文化名城，但在过去五十年中，崇尚工业革命不珍惜城市的历史文脉，发生了以"三通一平"的原则彻底铲除一块基地的历史记忆的现象，开推土机来迅速地推倒一座上百年的房子，将记忆全部铲平，然后可以卖个好价钱——人们把这叫作经济建设。更不要提北京近年来的崩坏趋势——水煮蛋、大裤衩，不提设计到底好坏以及设计的出发点，只要一眼望过去就已经可以知道这样的建筑在北京城的天际线上是有多么的夸张及不适宜了。这当然是北京城失去自律性的后果，如果一个城市已经对其建设失去了控制，那么今后这座城市的发展真是令人担忧。

上海——一个城市的味道

常常会有听到有人提起"老上海的味道"、"老上海的感觉"这样的形容，上海的形象已是如此的深入人心。近日里虹桥机场有老人静坐抗议飞机噪音扰民，如果细心观察会发现每天晚上他们带着扩音喇叭和毛线球出现，坐在抗议条幅下打毛衣，晚上顺便可以买到机场面包店的打折面包作为明天早饭，两个字——实惠。又曾经看到过一段文字，作者楼下的出租车司机对他说，每天晚上10点钟收了工，他都会拐到杨浦大桥上转一转，纵览黄浦江夜

景，外滩和陆家嘴的灯火辉煌一并收入眼底——"风景老好的！"我相信这样的情景可能发生，讲给在上海住久了的外地人，他们会会心一笑，"哦！上海人嘛。"

陈丹燕的书也几乎是围绕着这样的体验来写的，故事里的上海人总给人以某种特定的印象，实惠、精打细算，而不论多苦多难，总不会丢掉那份气派。不知道是这样的上海人造就了上海的气质，还是上海这座城市造就了这样的上海人？也许都有，也许是某种进化论似的力量。

城市、街道与记忆

如果追根溯源，我们可以很轻易想到这样无形的城市气质来自何处，源头必是城市的历史与记忆。但是从源头以降，更多的故事、更多的记忆发生在漫漫时间长河之中。如果说看完两本书有什么可以作为结论的感想，就是城市、街道都是在时间之中缓慢生成的，非一朝一夕之力，想要改变它亦非一朝一夕之力，我们不可能假设这漫长的生成不存在，也不可能想当然地照本宣科将城市当作一片可以随时推倒重来的工地。如同我们20年的生命记忆是我之为我的原因，城市也有它的记忆，所以不论我们对他做些什么，都不能忘记尊重它的记忆。

最后以卡尔维诺的一句话作结："城市就像一块海绵，吸汲着这些不断涌流的记忆的潮水，并且随之膨胀着。然而，城市不会泄露自己的过去，只会把它像手纹一样藏起来，它被写在街巷的角落、窗格的护栏、楼梯的扶手、避雷的天线和旗杆上，每一道印记都是抓挠、锯锉、刻凿、猛击留下的痕迹。"

柏林色彩

吴人洁
090333

人事变，今非昔，好在柏林的再造并不只是为了寻找她美好的往昔，这再造，大有一种收拾干净再次出发的感觉，收拾好以前，留下心爱的重要之物，踏上新的旅程。这是城市的成长，多羡慕作者能够亲眼见证，"早也习惯了你不断转化中的容貌"。

印象中的柏林是蓝灰色的调子，一如印象中的日耳曼人，浅金色的剃得极短的头发，露出方正而轮廓分明的前额，眼是冰蓝色的疏离，表情严肃，淡淡的，中年男人的形象。

然而沈祉杏笔下的柏林，却是"比女人更耐人寻味"，起初我是有些意外了，刚毅冷峻的柏林怎与女子相比，而且是"耐人寻味"？

大概是我不够了解吧，对于柏林冰冷坚硬的印象，或许是出自铁腕的俾斯麦，或许是来自疯狂的希特勒，又或许是来自超级理性的黑格尔，但是其实，在读这本书以前，对于柏林，我是一知半解的，而蓝灰色的印象，终究也是一种笼罩在薄雾中的朦胧。

"并非温柔，并非美丽，并非睿智，并非仁慈，并非包含，并非排斥，并非传统，并非现代……"作者笔下的柏林很近，性格很丰满，就像是在娓娓讲述一个老友的桩桩件件一般，平淡而真实。

我看到的柏林是认真的。对于历史也好，对于生活也好。这样的柏林是绿色的，带着自然的植物的生命力，可以在最最废墟的缝隙中发芽，在重大的创伤后恢复生机。

柏林人的"伤痕美学"便体现了这一点。布来沙德广场中的断头教堂闻名遐迩，它在二战中被毁掉，建筑师原来想将它拆除，却遭到了人民的反对，于是将它保留了下来，变成了真正意义上的"纪念教堂"；不仅仅如此，著名的犹太人博物馆，犹如一道闪电一般告诫后人不要忘记当年残酷

汾阳路·佃半里
2012年3月
吴人海 190333

的历史，还有各种各样为了纪念二战而建立的博物馆、广场……我想柏林人从来都不曾忘记，也未有过轻易的对待，在都市的再造过程中，心中总是牢牢的记者他们的过去，不论是20世纪20年代的黄金，亦或者是二战以后的黑暗，都一样小心翼翼地保留、记录下来。一如20多年前就已经被拆除的横亘在柏林中央的柏林墙一般，每年都会有关于那段过往的纪念活动，柏林墙的残片还被当作是纪念品来贩卖。那道伤口或许早已经缝合，但是比起严丝合缝地抹去，人们更愿意在那里留下浅浅的疤痕，这样才能经常去拂拭和思考。

或许不仅仅只是保留，记录那段历史，或许也是为了要为未来的改变指引一条路。柏林议会大厦的透明穹顶意在表达一种透明与民主，远远地人们就可以看到里面缓缓流动的参观的人群，象征高高在上权力的机构就这样，融入了市民的日常生活。透明穹顶的设计在我看来，似乎是有一些刻意的，就仿佛是一种昭告天下，我们要变成民主与人道的政府。但是这种刻意，却又让我觉得很是可爱，因为我感受到了这其中的真挚与真实——这个透明并不是什么表面功夫，我想这是一种决心。

这样认真的态度让我印象深刻。有的人铭记是为了有朝一日君子报仇一雪前耻，有的人铭记却是为了希望，那是一种美好的感情，只是为了记住曾经走过的每一个脚印，不管是美好或是悲伤，不能因为千疮百孔而抛弃，这是为了不至于变成没有过去的人，只有那样才能坚定地继续走下去。德国的人们总是很认真地对待任何事情的，也是这样的严谨与认真，使得他们在现在，凭借着产品优良的品质和治学严谨的态度，再一次稳稳当当地站在了世界

的前面。

这样看着，仿佛柏林人脸上就有了一种坚定的表情，嘴角是含着微笑的，牙关是略紧地咬合着的，拳头是不放松的，深呼吸一口，充满干劲地工作着，就像是《罗拉快跑》中的罗拉，一直一直在奔跑，一直一直想要改变，坚韧不拔，充满了生命力。

柏林或许是没有什么过多的表情，但我想说，我喜欢这样充满生命力的城市，这种生命力不是巴塞罗那火红的热情，也不是巴黎优雅华丽的微笑，它是朴实而原始的，如同山野间石头缝里冒出来的绿芽，充满着希望。

柏林难得见到太阳。对于欧洲的人们对太阳的热爱早有耳闻。阳光露面了，总是要出去走走的。他们是热爱生活并且懂得生活的。这样的柏林是橙色的，带着阳光一样暖暖的、轻松的感觉。"在柏林，人们已经习惯，街头转角时，发现一个完全无法预期的东西"。

虽然篇幅较为短小，但是哈克雪庭院可以说是整本书中令我印象最最深刻，也是最为向往的地方了。纵观柏林的谷歌地图，会发现内院的形式在柏林可不少见，"内院的光线效果奇佳"，"通向内院的小开口，就像是加了框的风景，更加吸引人们的眼光"，试想一下，经过了一个小门，被那一段的光亮所吸引，于是好奇地走过去看看，然后，眼前竟是豁然开朗的景象！有咖啡的座位，有展览馆、画廊、剧场，还有络绎不绝的观光客和悠闲地喝咖啡的居民……不可不说是别有洞天。如果说柏林是一个处处充满着政治味道的城市（就连都市的再造中始终贯穿着保守派和创新派的拉锯之争），那么，不喜爱谈论政治的柏林人，应该会特别喜欢这样的去处吧。

周围的建筑物高低不一，风格也不同，这样子环绕成的庭院的表情想必也是丰富的吧。马赛克空间的活泼感，转折空间的意外惊喜感，偏远庭院的宁静感……由老建筑改造而成的地方，散发着一种生活化的气息，没有沉重的纪念性建筑，有的只是"一种粗糙的温暖以及一种精致的美感"，离开主要的街道，从一个暗暗的小门进入，然后就到了阳光充足的庭院之中，仿佛穿越到了一个避世之地，在那里可以悠闲地喝上一杯咖啡，逛逛艺术家们的展览，懒懒地聊天晒太阳，这个，我想一定是作者所着迷的，柏林除去国富民强等宏大的意图后，"寻常的她"所露出的迷人的风华。那便是柏林人的生活。

然而柏林作为这样一做城市，"唯一一座将20世纪沧桑全都收录的城市"，如今的她可谓是成功的、美丽的，但是我却看到她的无奈和悲哀，就像是很多生活体面或是气质非凡的人，那些令人着迷的"有故事的人"，淡淡的无奈为柏林染上一种浅浅的褐色，那是一种历经沧桑的美感，令我深深地着迷。

这本书中，我看到了许许多多的建筑竞赛，那些大师，比如福斯特，比如里伯斯金，比如卡拉塔拉瓦反复地出现在柏林再造的历程中，不难发现，这再造，竟是在短短的几十年间里所发生的。我不得不想到上海也是在那么短短的几十年之间迅速成长起来的事实。有些不辨昨昔上海固然有其令人伤心的地方，而"再造"而成的柏林，却也是同样令人难过——不管柏林人对于旧物的保留与尊敬是如何比之前不顾历史建筑飞速发展的上海高明，几十年就是几十年，现在也不是几百年前，柏林人无法重铸昨日的辉煌，与其说是再造，

不如说是重生。今日的体面，那些建立在废墟上的纪念的美感，那些对于历史的、过往的追忆，不过都是一种重新演绎罢了，想来竟觉得有些感伤。

几百年的城市曾毁于一旦，然后又在几十年的时间里积极地复苏了过来，柏林的生命力值得我们尊敬，然而那些被人推崇的复原与再生，却觉得不见得有多么值得令人欢庆。城市并不仅仅是建筑的艺术，城市是时间的艺术，断过一次，要想再接起来谈何容易！政府、民众还有建筑师，他们都很努力，然而那些铭记，那些复原，历史性事件的建筑化，或许恰恰就是一种无法言语的悲哀，"人们不会重复造访同一个城市，即使同一个人，也非从前那个"。城市，也非从前那个呀。那个在世界面前冷静微笑着的、严谨的、体面的柏林，她的身后，又有多少无奈与不可说呢。

人事变，今非昔，好在柏林的再造并不只是为了寻找她美好的往昔，这再造，大有一种收拾干净再次出发的感觉，收拾好以前，留下心爱的重要之物，踏上新的旅程。这是城市的成长，多羡慕作者能够亲眼见证，"早也习惯了你不断转化中的容貌"。

或许用色彩来理解一个城市本就很奇怪，因为那么丰富多彩的城市，又岂是用颜色能概括得尽的呢？城市是一副副拼贴画，显示的往往是多元的性格，这种多样性，可以是红色的激情、蓝色的沉稳、绿色的生机、褐色的沧桑……这样的城市，一本书说不尽，我也说不尽。读完了这本书，心中便只有向往了，好想看看这样一个极具风情的城市的真面目。

"哪一年，等你完全长大，再回来看你，会是什么样子？"

从哈克雪庭院看上海里弄改造

顾倩

1150269

穿墙故事
3
——再造
柏林城市

我认为真正的历史建筑保护是一种文化精神上的保护，一种城市脉络肌理的延续。它不是一成不变，也绝不是彻头彻尾地改头换面。如果有朝一日，那些石库门的房子变得干净明亮，整洁舒适，在弄堂里种植着花花草草，鸟语花香。在弄堂的深处有人家，在弄堂的转角会有咖啡馆或者艺廊供人休憩、参观。弄堂成为了一个让人想要居住的场所，一个可以追忆往昔，也有现代化的气息让人憧憬未来。那时，也许，上海的老弄堂真正找到了它的新出路。

一度认为柏林和上海很像。一个经历过两次世界大战的洗礼，另一个被迫开埠沦为半殖民地；一个被联合国教科文组织颁发了"设计之都"的名誉，另一个致力于打造成文化名城。同样的，这两座城市都面临着旧城改造以及城市更新的任务与机遇。而在这方面，无疑柏林比上海走得更早更远。因此，我想借书中提到的哈克雪庭院与上海的传统里弄改造进行对比并取长补短。

在空间上，柏林的内院式住宅与上海的里弄住宅存在可比性，它们都是由周围建筑围合成的内向空间。形成原因上都具有经济因素。在工业革命早期，人们通常对原有住宅进行加建来获得更多的住宅空间。这种由建筑所围成的内向采光天井就产生了后来的柏林庭院。而在上海，首先在法租界和公共租界区产生了由中国传统的院落建筑与西方联排式建筑结合而成的"里弄"住宅，这就是上海城市肌理的雏形。

然而，不同的则是在两个城市对待旧建筑改造的态度上。《穿墙故事》中有一段话让我印象深刻："这个漫长的决策过程，反映出德国人民与政府的慎重态度，只不过，传统与保守的势力，总是占上风。"自从柏林墙倒，柏林面临大规模改造之始，它就遵循着批判性重建的原则，谨慎地进行着城市更新。而上海，几乎与其同时，迎来了改革开放的契机，却进行了大量拆除重建的大刀阔斧的工程。

具体来看哈克雪庭院的例子。坐落在繁忙的奥仁念伯格街与若森塔勒街的交会

处，其占地约 8300m²，南北跨越整个街区，在 3 条相邻的商业街上设有出口。整组建筑 5 层高，围绕 9 个庭院而建，这些庭院相互连通，总建筑面积超过 2.5 万 m²，被称为德国最大的商住综合体。而在我看来，之所以它能取得如此大的成功，很大原因在于它的工商住混合型功能。因为有居民的存在，保证了基础的人流量。再引入商业，那里居住的人们自然会去光顾，又因为有美术馆等文化设施，进一步吸引了外来的人流。而改造后的哈克雪庭院空间也富于变化，利用咖啡馆、入口、院内大树等营造了丰富的、有层次的空间，使得人们愿意在此逗留。

再回看上海的里弄改造，其实也不乏有田子坊、新天地的成功案例。它们都是

将商业引入的典范，有趣的是田子坊是自下而上的群众自发的保护。而新天地则仅是保留了里弄的外形，而改变了内部的空间形式。相对于这些商业上的成功，我更在意的是原先居住于里弄中的人们的生活。

在这次民俗博物馆的作业中，我们亲自去了茂民北路一带的震兴里、荣康里等调研。走街串巷中，通过与不少热情的爷爷奶奶们的交谈，我意识到老一辈的人们对于上海的老房子仍旧是怀有深厚感情的。在一些有条件的人家，他们改造了自家的弄堂，使之生机勃勃，让人十分喜爱，很有上海味道。然而对于绝大多数人来说，里弄却意味着恶劣的居住环境、复杂的人口成分等等，从而迫使他们离开。讽刺的是，越来越少的上海人在使用上海的石库门房

子，那里逐渐成为了老年人口及外来人口的聚集所。我们还了解到，尽管基地的老房子也被纳入了上海历史风貌区保护之中，但是所谓的风貌区只是意味着房子不拆而已，基地的居民所盼望的老房修缮迟迟不见。这就不禁让我思索起究竟什么才是好的历史建筑改造。我很欣赏哈克雪庭院的改造模式，动用了最小的举措，却起到了巨大的成效。有一种说法是我们应该保护活着的建筑，即整体性保护。在保证原有里弄居民正常生活的前提下，通过空间的功能置换开辟一些场所从事商业、文化产业，从而带动里弄整片区域活起来。让现在的里弄对外开放，而不再是一扇扇大门紧闭的情景。

我认为真正的历史建筑保护是一种文化精神上的保护，一种城市脉络肌理的延续。它不是一成不变，也绝不是彻头彻尾地改头换面。如果有朝一日，那些石库门的房子变得干净明亮，整洁舒适，在弄堂里种植着花花草草，鸟语花香。在弄堂的深处有人家，在弄堂的转角会有咖啡馆或者艺廊供人休憩、参观。弄堂成为了一个让人想要居住的场所，一个可以追忆往昔，也有现代化的气息让人憧憬未来。那时，也许，上海的老弄堂真正找到了它的新出路。

历史遗迹下的柏林

程婧瑶

100229

当然，柏林对于历史严谨中又不失浪漫，在他们的观点中，越古老越破旧的东西越有价值，或许这就是他们所提倡的"废墟美学主义"吧。20世纪战火遗留的废墟和荒废的建筑却给当地艺术家们发挥的空间，比起一样样的原封保留废墟，他们更多的是使用现代前卫的方式去诠释时光与文化的底蕴。塔哈拉斯就是"废墟美学主义"下的产物，这座拱廊购物街以它独有的"破败"向世人呈现历史，也成为了柏林艺术家们的集中地。

在读这本书之前，我对柏林的印象仅仅停留在它是德国首都的概念中，而这位在柏林求学、生活、工作了12年的作者却用他的经历和体验向我展示了一个全面的柏林。在阅读的过程之中，我能感受到作者与这座城市深厚的感情，用他自己的话说这座城市"感觉就像结婚十年的夫妻，熟悉温馨常常多于惊喜激情"。作者用了六个简练的德文单词——柏林、同意、空间、生活、国际、省思——作为主题词，巧妙地将本来松散的素材结合在一起，为读者叙述了一个完整、客观、理性的"穿墙故事"。

20世纪，柏林历经沧桑，城市经历了硝烟战火和重建整修，从世纪初威廉二世的退位，到美好如昙花般的魏玛共和国，再历经纳粹的专政，直至英法美苏四国控制柏林，随后联邦议会宣称柏林为德国首都，新成立的东德政府在柏林建筑柏林墙，从此一墙之隔将政治的无情暴露无遗。可见，柏林跌宕起伏的历史充满着戏剧性，如果说柏林是这样的一部文学作品，那么柏林墙的建造与拆除就是这个事件中最富有戏剧性的情节，它已成为了这跌宕起伏的政治变幻的缩影。柏林墙的拆除所面临的就是如何将两个半城之间的伤痕缝合起来，这也是对于历史建筑保护工程而言一个巨大的挑战。

在众多的改造故事中，作者向读者展示了一条共同的主线——城市重建中保守势力与创新思想一直在进行着拉锯式的交锋，你强我弱、此消彼长。旧议会大厦改造就是这样一个典型的案例。作为德意志

上海第一医药商店
FAN FAM
东亚饭店
上海吴良材眼镜
上海老凤祥
上海市第一食品商店
上海市第一百货

帝国开始民主化的标志建筑，它的历史地位是不容小觑的。作为19世纪流行的历史折中主义样式，它独特的穹顶形象早已深入人心，而作为当今的政治建筑，民主与透明却又是民心所向。在这场保守派与新进派的交锋中，诺曼·福斯特的方案脱颖而出。他运用高科技解决了这两者之间的冲突与矛盾。在他的方案之中，巨大的玻璃穹顶象征着政治的透明性，而这个穹顶中设计的对外开放的参观坡道，也昭告了世人对于民主的重视。

其实这样类似的案例在书中数不胜数，也许正是因为德国人严谨的性格，每一座历史建筑的保留都会经过不同人群意见的交锋和不断的推敲。就像柏林宫殿广场的改造，作为一处城市重地经过反复冗长的决策却仍是无果，一块市中心重地，可以让它空着、放着，不顾经济效益，但却不能因为草率而发展出贻笑大方的面貌。我想，这就是德国，这就是柏林，他们对于历史抱着虔诚而慎重的态度。虽然在多次"战斗"中，保守与传统的势力占据了上风，但是可以看出柏林这座城市，就是在这样深刻而内在的矛盾冲突中，在两股相反方向作用力的牵制下形成了独有的自己。

当然，柏林对于历史的严谨中又不失浪漫，在他们的观点中，越古老越破旧的东西越有价值，或许这就是他们所提倡的"废墟美学主义"吧。20世纪战火遗留的废墟和荒废的建筑却给当地艺术家们发挥的空间，比起一样样的原样保留废墟，他们更多的是使用现代前卫的方式去诠释时光

与文化的底蕴。塔哈拉斯就是"废墟美学主义"下的产物，这座拱廊购物街以它独有的"破败"向世人呈现历史，也成为了柏林艺术家们的集中地。

读完了整本书，我也常常在思考，到底柏林是座怎样的城市？"她并非温柔、并非魅力、并非睿智、并非仁慈、并非包含、并非排斥、并非传统、并非现代，但她有她的风情。"柏林是座奇妙的城市，"可以说是欧洲唯一一座将20世纪沧桑全都收录的城市。"对于这些历史的遗迹，德国人严谨慎重的态度确是整本书中最令我为之动容的。对于每一座历史建筑的改造，虽然经历了冗长复杂的反复讨论和推敲，但是他们对于历史的态度却是我们望尘莫及的，对于他们而言，历史建筑的保护不是一个简单的口号，也不是商业或者地产商的奇迹，而是渗透到他们的生活和血脉之中不可分割的部分，一个历史建筑的改造方案需要通过公民的投票决定是否实施，我想这一点在很多国家都是很难做到的吧。如果说二战对于柏林是一场毁灭，那么战争后的和平就是柏林的涅槃，它带给柏林人的是更多的反思，反思一个后现代都市的发展与未来。柏林是个复杂多变的城市，它比一个女人更耐人寻味，它的城市改造与发展的成功是基于它的独特历史之上的，因此单纯的复制和效仿并不能解决其他城市的历史遗迹问题。但是，在城市改造过程中柏林所呈现的民主与严谨，以及全民参与的积极性，却是值得我们后人所学习的。

永不拓宽的街道

陈丹燕 / 俞晓夫（图）
东方出版中心，2008 年 8 月

　　陈丹燕以其独特的个人化视角，精选了上海永不拓宽的街道中的 18 条，着力于描写在这些街道上的带有标志性的人和事。这些人是上海人中的少数，却标志着上海进入现代化社会的进程；这些街道都是上海历史街区的保护地标；这些故事具有真凭实据，力求表现历史最真实的印记。

只是无法忘怀

张蓓蕾

080372

4 永不拓宽的街道

　　我跟着《永不拓宽的街道》所描述的故事，重新去走了一遍这些街道，我一步步地走过一幢幢房子，一遍遍地去触摸建筑的表皮粗糙的质感，小心地去想象当年姚姚走过的地方，她的心情，去揣摩范尼和简妮从红房子餐厅出来时的心理活动，去理解黛西开着抛锚的老爷车的辛酸或者是心死，最后去猜测妮可究竟住在华亭路的哪一幢房子里面，现在又是如何境况。

四两拨千斤

　　向来喜欢带着一种小资产阶级的情调，来读这些才女作家、阅历丰富的作家的作品。应该是坐在阳光和煦的咖啡馆窗边，点上一杯卡布奇诺，带着一种慵懒和随意，来淡淡地咀嚼语句中的些许做作，甚至可以听点爵士作为背景音乐让自己以一个局外人的身份融入 20 世纪 30 年代上海的五光十色中。而当我翻开这本书时，却有一种深深的意外，和对之前的自己对这本书的一种误解的尴尬。

　　《永不拓宽的街道》更确切地来说，应该是一部史书。虽然它讲述的是发生在不同的人、不同时期、不同年龄甚至不同国籍的人身上的故事，而这些故事却发生在同样的地方——18 条因为被上海市划为历史风貌保护区，从而规定永不拓宽的街道。因此在一个外地人愚钝的眼光看来，18 个故事的主人公一个个粉墨登场表演的似乎是一个人的故事，从不同空间维度、不同时间维度阐述的同一个人的故事，这个人的名字叫作"百年上海"。人们常说，百年历史看上海，三十年历史看深圳。然而比起深圳三十年的几乎都是很稳定而迅猛的发展，上海的这一百年真的太多坎坷，太多伤痕，太多沧桑。这些被保护起来的街道，它们身上都或多或少残存着一些老上海的烙印和气息，成为了联系过去和现在的名片，让现在的人得以更多一点地领会到书中主人公当时的背景及心理活动。在她的笔下，除了主人公的故事，所有的建筑、

街道都像是被附上了魔力一般，迫不及待、有条有理地向人诉说着上海这一百年发生的点滴。

而不同于一般的史书的地方在于，陈丹燕并不直接陈述上海发生的一切，而是把历史背景轻描淡写地融在一个个故事之中，却有着四两拨千斤的巧妙，令人唏嘘不已。

以上官云珠为例。

上官云珠，40年代中期才声名渐响，她眉目娇艳，是标准的江南佳丽。她戏路很广，各类角色都能演。尤其是在《一江春水向东流》、《万家灯火》两部影片中，演技深刻动人。

——《乱世风华——20世纪40年代上海生活与娱乐的回忆》

在大多数的书里，对历史人物、事件的描写，都是抽去了感情倾向的事实陈述，上官云珠一生的辉煌、聪明、不平、不甘和最后不体面的结局都一并隐去。而陈丹燕在书中，她甚至并没有直写上官云珠的故事和心理，而只是利用上官云珠和她的女儿姚姚的关系，微妙的情感就勾勒出了母女俩的性格，折射出她们所处的那个残酷、冰冷的社会现实。

作者在对上海的历史了然于心的基础上，广泛地去阅读这个城市的故事，用一种几近变态般的执着去挖掘那些被上海、被时代所深深影响了的人的故事。她也不试图去粉饰，去修补一些什么，就像文人所惯常有的一种置身事外的旁观者的清醒和讥讽。她擅长把一些沉重到难以描述的东西稍稍往后撤，把这种东西变成捆着主人公手脚甚至思想的细线，然后照常柴米油盐，嬉笑怒骂，温言软语。而上海，就在这样人前光鲜、人后无奈的故事中浮现了出来。那些往后撤的东西也反而拥有了巨大的力量，一下子扯出了鲜活的关于上海的、时代的伤疤，然后铺天盖地地涌到你面前，让你再也无处可逃。就像是在出拳以前，把拳头后撤，出拳的时候才有更多的力量。张爱玲的小说或许也会让你有一种揭露人性感情本质的讽刺感，但是却难逃一丝刻意营造气氛的虚张声势。陈丹燕在这一点上似乎更加高明。

读人从来都是一项充满乐趣、神秘和挑战的事情。而要从一个人的行为、思想去读出一个人的家庭背景、成长经历、时代背景等诸多历史沉淀下来的东西就变成了一件有意义而显得有一点庄严的事情了。

双面伊人——《虎丘路·四品官与电机教授》

从前的上海哟，东方一枝直径十里的恶之华，招展三十年也还是历史的昙花。

——木心《上海赋》

最初对于老上海的印象是中山东一路的繁华，是石库门的贵气，而现在首先浮现在我眼前的却是那一群上海道台。在陈丹燕的描写中，他们身上集中的、折射出来的其实是上海人的矛盾和不甘，以及一些无所适从。他们身后是巨大的中国，是那个自己从来就被要求忠心的朝廷，可是这个朝廷却只是把他们当作一个盾牌一样立在朝廷和洋人中间。面前是洋人的飞扬跋扈、仗势欺人，身后却是忍气吞声，还随时可能降罪于他，把他弃如敝屣的朝廷，下面万千的上海百姓似乎又指望着他这个类似于傀儡的朝廷存在。他们步步小心，如履薄冰，却大多还是难以勉强过关。

这样的境况似乎让上海人一早就意识到，朝廷其实是难以依靠的，她们要靠的始终是自己。她们一早就体会到的是洋人带来的世界的气息和繁华，所以有一种天生的优越感，堆积着骄傲；然而被洋人排斥的经历又造就了自卑和被排斥的苦恼与不甘，对奇迹的渴望和投机的本能。

当了解到这样的历史时，我开始尝试去理解上海人一直被人诟病的歧视外地人这件事。当上海人在忍受着满眼的浮华和卑微的地位之间的差距所带来的不满和折磨时，从来没有人去帮助过他们，而现在的他们的确更有底气站出来高高在上地说"我比你们更棒"。这正是书中所写到的，上海的内心充满了对于归宿的冲突和不甘。她常常不知道自己到底属于谁，应该属于谁，感情上倾向属于谁。她不管对于别人还是对于自己的定位都是出于一个模糊的概念。

而外滩一线的繁华和异国风情背后，藏着的大致是有上海道台的一些耻辱和畸形的骄傲吧。陈丹燕说，上海人眼界既开阔又闭塞，对变化既有强大的承受能力，又挑剔一切变化。这样的特质大概也是来自于上海人对上海的奇怪的感情吧。

呐喊——《淮海中路·幸存者》

华尔兹的旋律绕着他们的腿，他们的脚站在华尔兹旋律上飘飘地，飘飘地。

——穆时英《上海的狐步舞》

这一章节讲的是韦然，也就是姚姚的弟弟，多年以后对于姐姐和妈妈的回忆。前一章节的《五原路·亡者遗痕》才是真正的故事主体。姚姚的故事读来有一种深刻的压抑，不仅是为她，也不仅是为了那个曾经站在云端，最后却跌落深渊的上官云珠，更多的是为了那个时代里受难的人和为了那个时代的一种人情冷漠、狂热和混乱的一种可悲。

一直以来那个时代对于我们这一代人而言，已经是一个远去的符号，不甚了解。而当我读到这个故事时，才明白那个时代带走的是什么，留下的又是什么，才真正略微懂了那种蚀骨寒心，一种溺水的感觉。我不敢说我能够身临其境般地体会到姚姚当时的所思所想，但是，姚姚的那种如同小保险箱般脆弱的坚强却是让我心疼不已。最难能可贵的是，无论她处于怎样的境况，她所保持的那种心境，对爱情的渴望，对未来的设想，都让人感动。这也正是我接触到的上海女子让我肃然起敬的地方。她们或许看起来弱不禁风，而当真正面对困难的时候，她们却绝不退缩和放弃，流露出一种充满韧性的坚强。

可是我还是选择了这一章。因为书中说到："留下他一个人，如同一个文件夹，保留回忆。"这一章描述的不仅仅是那个时代的故事，而是经历过那个时代的人，在如今的时代里对于过去的记忆。他们摆明的是对于过去的一个姿态，他们是文件夹，也是不让那个时代走远的纽带，时刻警醒我们，帮我们摆正态度。

韦然说，有时路过之前生活的地方，就会想起姐姐、想起妈妈来。这些由建筑、街道、树木场景所留下来的不仅仅是故事，是感受，更是一种对于历史的尊重和时代的责任。而他们身上的伤痕累累，以及受损的自尊和人生，让他们有一种羞耻感，难以自处，他们无声的隐忍，正是上海一路走来凄厉而克制的呐喊声。

我们不能够让这样惨痛的记忆从此沉默。

时间洪流 ——《南京东路·裘小龙》

裘小龙在我的眼里，和他在那个公园的保安眼里其实差不多，他是一个华侨。他已经脱离了上海太久，可是那份记忆和那段经历却深深地印刻在他的脑海中，融在他的作品中，投射到作品的主人公身上。他对这里的一切还是难以忘怀，我想未必是执着得不愿意释怀，只是少年时期的记忆总是很容易控制自己的一生。而他对于上海始终觉得是带着一点点敬畏的。他心里的上海，恐怕已经不是现在的这般模样；他心里的上海，恐怕也并不是任何时候的上海的真实模样；只是，在他年少的梦想中，中年的回忆中，一个幻想出来的，不真实的上海。

然而在最后他还是淡淡地说："或许不愉快的一餐也是重要的经历。"

上海，无论大家如何拉扯和幻想，如何叹息和挽留，她终究是循着自己的方向，搭着时间的洪流慢慢走远，不属于任何人。

我们会划出一些保护区来保存这个城

市的记忆、伤痕，可是我们也必须清楚，时代的洪流始终是会带走一些东西，是我们无法选择的。

理解

18个故事，读出来的是上海表面上永远无法看得到的东西，却是在暗中一直操纵着这个城市的文化核心的记忆，也是让上海不同于其他大城市的地方。一个个故事，串联起来的各种，完整的上海人的故事，也是上海的故事。

要真正读懂一个人，或者一座城，我们需要的不仅仅是了解她的光鲜和辉煌，更重要的是她背后的伤痕。阳光越盛的地方，阴影也就越深。而不了解这些阴影，看到的只会是平面般的、模式化的东西。

我跟着《永不拓宽的街道》所描述的故事，重新去走了一遍这些街道，我一步步地走过一幢幢房子，一遍遍地去触摸建筑的表皮粗糙的质感，小心地去想象当年姚姚走过的地方，她的心情，去揣摩范尼和简妮从红房子餐厅出来时的心理活动，去理解黛西开着抛锚的老爷车的辛酸或者是心死，最后去猜测妮可究竟住在华亭路的哪一幢房子里面，现在又是如何境况。

陈丹燕带我重游了一次上海，以一种更加地道和有意义的方式，让我小心地触摸了这个城市的伤痕，从而对上海的感情稍微复杂了一些，却让人动情，让人对上海的理解更加深刻。

且道未亡人

阮若辰

090326

4 永不拓宽的街道

城市是一种以人为载体的存在。常住的居民或是流动的人群，未亡人或者已故者，城市的记忆只有在人的记忆中才能汩汩流淌，得以传承。饶是这样，人的记忆却总是显得那么不精确，或者偶尔会出现横亘的断裂，我们虽然在人们的纷杂而热闹的记忆中徜徉，却无法触到在城市的各个角落里无数落寞未亡人追忆有关这个城市过去的那些安静而孤独的反刍，我们无法体会那些摸爬滚打在城市的每个拐角处的心灵对于城市人情体察的情绪，我们无法观察到人情生活中的有关讨价还价、家长里短的那一点一滴。

最初对上海的印象来自于一部琼瑶的电视剧。那部年代剧复原了上海民国时期的那些旧时光，所有那些西式的小洋房、十里洋场的炫彩霓虹、道路上缓缓而过的电车，还有无数从眼前掠过的旗袍女子零零散散地构筑在我脑海中，这成为上海这个名词身后所代表的全部意义。后来看了另外的一部小说，小说构筑了一个现代的、全新的上海，充斥在其中的是新天地，是磁悬浮，是金茂大厦和各种各样的陆家嘴风情。

一直被这样那样的文学或者影视作品所影响，却始终没有去上海亲自看一看，走一走。我去过很多城市，然而却总是走马观花一般地在旅店和周边的一系列观光景点中钟摆样的来回，所以去过，看过景点，拍过照片，偶尔吃过美味，便自以为是饶有兴味地庆幸而归，欣欣然在我的漫步足迹中生生地列上了这座城市的名字。

城市是一种以人为载体的存在。常住的居民或是流动的人群，未亡人或者已故者，城市的记忆只有在人的记忆中才能汩汩流淌，得以传承。饶是这样，人的记忆却总是显得那么不精确，或者偶尔会出现横亘的断裂，我们虽然在人们的纷杂而热闹的记忆中徜徉，却无法触到在城市的各个角落里无数落寞未亡人追忆有关这个城市过去的那些安静而孤独的反刍，我们无法体会那些摸爬滚打在城市的每个拐角处的心灵对于城市人情体察的情绪，我们无法观察到人情生活中的有关讨价还价、家长里短的那一点一滴。

体会一个城市，是需要生活在这里，作为一个亲历者在这个城市中生活，才能做一个切切而追求真相的观察者。

初到上海，是为了求学，庆幸我可以作为这样一个闲适的身份来安静地体验这样一座城市。有了初来对上海的双重印象，我怀着无限的热情和追忆的情绪，初来乍到便将上海向世人展示的那一面统统逛了一遍。外滩、南京路、陆家嘴……面对繁华之景和高耸入天的高楼森林，我只能自叹来自于小城市，叹服上海不愧为世界大都市，然而隐隐间却有些微的失落。当我走在环球中心那处在 600m 高空的天桥上瞭望上海这整座城市的时候，第一时间入眼的无非是处在陆家嘴中心区的无数的高楼，再有是遍布在上海各处高出于城市许多的小高楼们，然后能远远地扫过外滩街道上那一串老建筑，再接下来，便是星罗棋布的阡陌纵横的街道。那些街道无畏而坚挺地在各式各样的建筑中穿梭，人群零落在那些街道中星星点点已经微不可见，但是身处高空的我却可以想象出作为这样一个小小的尺度的人们和小小尺度的街道的亲切交流。

近日去的闻道园，回来的时候，心情闲散随意，便对着窗外看一路过来的风景，汽车上了逸仙高架。看着车逐渐升高，看到高架桥梁在我们的面前穿插而过，看到周围房子的屋顶，看不到周围街道上的人群。我一时间感到有丝丝的惊悚。我们竟然走在这样的高空里，我们居然被拔高到这样一个高度。高架桥梁的拔地而起，这样巨大的工程我只能用伟大来形容，然而伟大之后，这样却失去了人参与的尺度的事物，如此质硬而不容分说的触目惊心，让我不由疑问，人们柔软的心灵如何会跟它们擦出火花？

也曾循着过往的痕迹去摸索过中共一大会址、周公馆和中山故居，触摸着那些木质扶手和木质窗棂，脚踏上会吱吱作响的楼梯，眼见那些摆在原址中的家具，无妨它是古旧物件还是复制品，看着它们便能想象故人在此中的种种行为动作一颦一笑，坐在书桌前静静思考，手扶栏杆凭栏

远眺，还是团坐一桌指点江山激昂文字。不由地有丝丝感动。这一刻有了感同身受的心灵贯通。突然间明白了这些建筑留下来并且被原样布置的意义。虽然居者已故，可是故者的音容笑貌却从这样的建筑、这样的布置中被一一铭刻下来，后之览者，亦将有感于斯。

然而关于上海我最深受感动的一次出行，并不是这些一一写入"上海著名景点"中的名字。却是有一日傍晚，我心潮迭起，想去鲁迅公园舒缓一下心情。然而已临近入夜，公园中一派阴森鬼魅却拦住了我的前行。索性无聊出来，于是想循一个非来时的路回去，便远远地避开了大连西路，不知觉地走上了甜爱路。路如其名，处处充满了温情，路灯黄晕的光悠悠地落下，路上的人们缓缓地走过，目遇年轻的情侣手牵手充满幸福地跳跃着前行，也看到一对老夫妻相携缓步，

任由梧桐叶落在肩上，温暖的光轻轻洒落在他们的步伐上。一时间有些怅惘，女诗人张烨曾经写到过："这里是甜爱路，落单的人请绕行。"是啊，这样的温情真的想找一个人一起分享。然而"车过甜爱路，却没有停下"，我只能孤独地绕开。

然而绕开后却发现了另一条路，后来我才知道，那是山阴路，但是当时看到路边的大婶与小贩讨价还价，神情生动，就像家常一般；看到归家的大叔自行车框里装了红红绿绿的塑料袋，偶尔有几根葱叶冲破车筐，兴高采烈地跟我打招呼；看到祖母牵着一蹦一跳的孙女安详地走在街道的两边，祖母手指着街道两旁的建筑，好像在讲述什么一样……

我不由地心中一动——"这不是上海。"

然而这又确切是上海，那么不由分说

地把生活中最祥和最生动的一面就这么散落在城市街道上。在这个时候，上海和全国各地的无数城市一样，没有任何区别。它一样承载着普通人的悲欢离合。它即使有高楼有外滩有那么多高架，有老建筑有十里洋场有名人故居，但它依然是无数普通上海居民们的家园，它发生的一切就是这样平凡而撞击心灵。在这里，我仿佛看到了世界各地忙碌的身影，他们鲜活而灵动，将自己的精神力灌入了这座城市。在这一瞬间，城市的周身出现了一圈绒绒的和煦的光晕，柔软到快要让人心碎掉，只想要将自己也揉入到其中。

陈丹燕写了18条街道。然而她写的其实是18个故事。一条街道上发生了一个故事，我爱这本书，为着这作者的聪明。因为作者深知，街道的存在是由于人的尺度，街道被人们在心灵中牢记，也是因为人的记忆。没有心灵激荡的街道，就如生硬的高架一般，生生地矗立而已。没有灵魂浇筑的街道，车行而过，也只是一望而过。没有过往记忆的街道，不足以让我们铭记。而没有鲜活的生活的道路，也只能被写在书里。

陈丹燕的笔下，我深深地记住了姚姚这个名字，她婉转飘摇的生命泯灭在了南京东路上，一辆无情的卡车就这样碾过。亡者遗恨牵引着我们对于五原路的思索，然而未亡人的生活却依旧继续。

生命的痕迹在街道上被反复提及，街道的力量也来自于生者的参与。也只有与未亡人进行心灵的交流，才能了解所有过往的记忆。

记忆在街道上流淌，被我们所追忆。然而生命在街道上跳跃，让我们欣喜。且道未亡人。

关于城市的记忆

伊加提艾力肯

062627

城市永远也无法回忆自己。它们永远只是被蹂躏，被忘记。他总是说眺望亚洲的海岸，字里行间透露出一种矛盾的自卑感，在东方和西方中间的徘徊和犹豫。最感动我的是他对自己家的描述，自家的客厅有个玻璃橱窗，里面摆着各种老照片，只是装饰品的钢琴从来没人去弹奏，如此的家庭装潢在伊斯坦布尔比比皆是，那么多的客厅如此相似，那么多的钢琴没人弹奏……

故乡之所以是故乡，是因为她总有一些永远不会改变的东西。

"伊斯坦布尔的命运就是我的命运：我依附于这个城市，只因她造就了今天的我。"
——奥尔罕·帕慕克

上海的记忆

作者陈丹燕对上海的描述都是片段性的讲述，读到每一个故事便能联想到一副场景，上海保留了64条街道永不拓宽，以保住城市的这片记忆。长乐路的故事是讲范尼出国前一家人很庄重地去吃西餐，对这一家人心态的描写细致入微，心里盘算着却硬要表现得很淡定，这应该也是对上海文化的一个局部写照吧。南京东路上讲的是侦探小说家裘小龙的故事。他生活在美国，却有着很强烈的上海情结。像他的妻子说"你至今还没有走出黄浦公园"。当他再回上海，看到乱糟糟的改造中的公园，并没有失望的情绪。我很佩服他能这样想，因为接受现实，接受你的城市的一切是比怀旧哀愁更高的一个境界。武康路那段写的是伍江和朱志荣。他们都是为保护上海的历史风貌做出贡献的人。朱志荣想象中修整好的武康路是他十六岁时第一次看到的样子：清净、整洁、优雅。而有现代化的设施、建筑、合理的空间，也有优秀的历史文化建筑。在那里，人们可以得到物质生活的满足，也能看到砾石，看到回忆。这是伍江对上海的理想。很多文字描述的东西在很模糊地表达对殖民时期上海的怀念，这种怀念起初给我的感觉是诧异，因为在我看来任何一个民族最起码的价值观应该是忌讳和排挤自己的殖民时期。但是似乎整个上海也都不温不火地表达着那种情绪，很久以来一直努力去找个理由，终于这样一个理由是可以说服我自己的，上海的精神就是一种消解异类文化，上海人的优越感其实就是来自他们的开放和接纳，处处都要讲究。

伊斯坦布尔的记忆

加缪说，想要了解一座城市，无非是了解这座城市里的人怎样活着，怎样相爱，又怎样死去。帕慕克的伊斯坦布尔，最最吸引人的地方，是这座城市中的细节，不仅是物质的细节，亦是生活和事件的细节，以及笼罩在这些细节左右的情绪。如今伊斯坦布尔的昔日繁华已随帝国的灭亡而衰微，帕慕克用了大量的笔墨来描写这个城市的衰败、伤感与混乱。从欧洲的海岸眺望亚洲的作者笔下的伊斯坦布尔，像所有的老城市一样，散发出一种沉郁的没落之气。所有老帝国的忧伤，在作者的笔下，在伊斯坦布尔身上，展露无遗。曾经的拜占庭，曾经的君士坦丁堡，曾经的基督教东方堡垒，曾经的离西方最近的东方异域世界，这些被时间一点点抛弃的旧日荣光，在作者的笔下，哀婉地渗透。这本书是帕慕克的记忆，是他关于这个城市的回忆，而不是像他的标题——一个城市的回忆。城市永远也无法回忆自己。它们永远只是被蹂躏，被忘记。他总是说眺望亚洲的海岸，字里行间透露出一种矛盾的自卑感，在东方和西方中间的徘徊和犹豫。最感动我的是他对自己家的描述，自家的客厅有个玻璃橱窗，里面摆着各种老照片，只是装饰品的钢琴从来没人去弹奏，如此的家庭装潢在伊斯坦布尔比比皆是，那么多的客厅如此相似，那么多的钢琴没人弹奏……

他们都是称得上中心的世界大城市，无论别人怎么看，但他们都把自己定位在一个引领最前、不会跟随任何其他的位置上。如今的上海是越发地能感受到这一点，似乎不可一世，但历史远比上海辉煌也悠久的伊斯坦布尔却似乎越发地不得不接受自己正在没落的现实。但是无论是上海人还是伊斯坦布尔人，一个城市再怎么样，住在城市里的人似乎只有承受的份儿，不管你认不认。

不一样的优越感

上海人的优越感由来已久，似乎上海一直都是中国改革开放的缩影，从英国人带着鸦片踏入上海直到今天，上海都是接纳先进文化的先驱者。而伊斯坦布尔恰好相反，他们的优越感是来自自己的历史，奥斯曼帝国的辉煌深深烙在每个土耳其人的心里，从小就在接受着这样的历史教育，但又恰恰是这种优越感、过度的历史回忆，使得自己的历史变成了一个重重的负担压在这个城市上。

冲突

无论是上海还是伊斯坦布尔都正在面临着老城区改造的问题。对于上海，保留了 64 条街道，似乎是给了人们一个交代，本来就来自四面八方的上海人又有多少会在意留下的是 64 条街还是 65 条？大面积的拆迁和圈地运动，使得上海的弄堂迅速消失，取而代之的是高效率的高层住宅和超高层写字楼，城市的承载能力加强了不少，人口也迅速膨胀。随之而来的问题是，旧上海人也认不得自己的城市了，文脉就这样断裂，上海也变成了一个和深圳类似的没有识别性的城市。伊斯坦布尔则仍然沉溺在自己的老帝国辉煌之中，背负着历史，却仍在为此自豪着。城市发展停滞不前，老城的城市基础设施无法跟进，人们却又一只脚早已踏进全球化的浪潮里，矛盾就此产生，这种缓慢的城市节奏早已不能使用现代的人们的城市化生活方式，整个城市就处在一种拉不动拖不动的状态里，人们开始迷茫，开始矛盾，开始徘徊，这样的败落之后的转机在哪？作者奥尔罕·帕慕克想到这些的时候就开始为自己童年时的那种优越感而感到羞愧。他在书中一直处于游离不定中，是该抛掉那些辉煌跟随别人的脚步？还是继续没落？无论是没落还是什么，这也许就是一个城市气质的延续，伊斯坦布尔似乎是保住了他们的气质，相反上海却似乎丢掉了自己的气质。

我的思考

（a）无论是什么城市，无论是处在什么时期，似乎都在为向前走还是往后看的问题而矛盾着。这里没有也不可能有一个简单直接的答案。

（b）面对城市的老城区，我们不能把他当成城市的负担而抛弃，这样的结果就是老城区变成城市毒瘤、贫民窟，强制拆迁，然后开发新楼盘，结果就是文脉的断裂，城市变成了一个没有感情的城市。

（c）接受现实，全球化和城市化的不可避免的趋势，我们要在对人关怀、文脉延续的前提下思考如何往前走的问题。

建筑，历史，人：上海与北京

王瑞琦

1150300

4 永不拓宽的街道

青红搭配的砖墙，精细的柱头，锻铁的围栏。细节，无时无刻不散发着一种欧式的优雅和细腻，如同繁琐细致却优雅的法国宫廷礼仪。虽然这些昔日被独享的花园洋房在今日可能被多家瓜分，主人风采不再，但老房子和街区本身仍然散发着一种，像是想象中民国上海贵妇人优雅的气息。在这里，建筑和人成为了一体。

一

北京和上海，虽然总被一起提及，然而其传统的城市文化和气韵是截然不同的。因此，作为一个土生土长的北京人，在看这本书之前，是绝难以想到，会和这本书中的内容产生任何共鸣的。

羞愧地说，来上海已经两年多，但去过上海的地方并不多。除去一些热门通俗的"必去之处"外，几乎没有去过其他的地方。因此，学校附近的20世纪八九十年代的"新村"类建筑、陆家嘴周边的大厦及综合体类建筑成为了原先我对于上海的基本印象。虽然大一也曾调研过福州路上的里弄街区，但是其中租住的绝大多数外来人口，以及被调研的居民对该处居住环境所表现出的不满情绪，使我没能感受到这里的城市故事、文化和传承。

如果不是《永不拓宽的街道》这本书，如果它没有让我联想到我的家乡，没有让我有深深的共鸣，我可能也许不太会再去尝试了解这里的文化，感受这里的氛围。

陈丹燕真的非常厉害。这本书是小说么？是纪实文学么？还是作者的内心独白呢？我甚至搞不清这个问题，就已经被它深深地吸引了，每一条街道，每一个章节，好像我也融入了其中，作为了一个亲历者去体验。也许有时我会不自觉地用北京的街道进行替代，但情节和人物仍然使得这气氛有一种浓厚的"上海味"。我想，这就是这里的文化气韵吧。

霍山路 2013.10.20
1130300 王雄辉

二

《南京东路》一章中，写到了裘小龙
年少时和友人在德大喝咖啡的情形。咖啡
这一意向，也在书中的各个章节反复出现。
在我的想法里，在上海想到一个很有情调
的场景便是坐在黄浦江边的天台上煮一壶
正宗地道的黑咖啡了；而北京，则应是在香
山红叶时节的樱桃沟旁取泉水暖一壶白酒
或泡一杯好茶了。

历史让这里的人们向往西方的生活，
而老北京们则更偏向于官僚帝王似的古典
情调。如《长乐路》一章中的三世同堂一
起去西餐厅吃饭的场景在北京是并不多见
的。而我在上海的超市经常看见老年人选
购速溶咖啡，这在北京也是难以见到的。

在蒙人统治的元代以前，北京这片地
方对于汉人来说无异于边陲小城。是不重
要到可以被石敬瑭拱手白送给契丹人的偏
远之地。直到辽金元三代在此建都才慢慢
演化为重要的大城，并在明清两代继续发
展。在这种环境下，北京内城区的阶级分
化较为明显。作为高级知识分子或者代表
权力阶层的居北，百姓和小手工业者居南。
这两类人一类接受传统儒家教育，以中华
文化为尊；另一类则有着悠然自得的生活方
式，即使有追求也是希求于司空见惯的古
代宫廷或官宦人家的生活。因此不论哪类
人对于西方文化的追求都并不突出。现在
还能说上的"老字号"西餐厅可能也只有
俄式的"莫斯科餐厅"了吧。

而上海则不同。地处海滨，被江浙环绕，

周边自古富庶，本就是属商人文化的地域。自古商人便走南闯北，江浙的丝绸随着丝绸之路和海运在非、欧大陆流通。商人们也因此见多识广，习得各种文化。且商人都思维灵活易于变通，与接受传统文化的读书人相比更易于接受新的事物。因此可以认为自古以来江浙地域的文化与北京相比就是更开放的。而开埠以后，上海更是成为商业集中的地区。商人们纷纷效仿西方的生活习惯。造成了这里一种半西方化的环境。

也许，从地理和历史上，已经注定这两座城市的不同。

三

记得一个初春，一个普通得不能再普通的早晨六点半，一条普通得不能再普通的老北京胡同，我在上学的路上。天色刚蒙蒙亮，到处还静悄悄的。几只麻雀蹲在近处的一棵大槐树上，享受着早起的鸟儿应有的优待。我的视线穿过横跨胡同、纵横穿插的电线，看见一群信鸽从空中盘旋而过，发出如同几乎只有在地坛公园才能听到的、由技艺高超的老人抖出的空竹声。这声音在整条胡同里回响，清澈而悠扬，时间好像停驻。平静、简单而古意苍劲。一时间不知道是近千年前的胡同穿越而来，还是我穿越回去。这种感觉奇妙而美好。

这个场景在我的脑中不断回响、重现，它在我脑中的记忆是那么深刻，以至于在我读到华亭路一章时，这个场景立刻就又出现了。而读到"隔壁人家的儿子练习黑管的声音，乐声犹如紫色的葡萄球在桌面上滚过；父亲听美国之音时传出的电磁干扰声；楼下人家的小毛头咿咿呀呀的哭声……

那都是她娘家人的声音，她这辈子最熟悉的声音"时，同一环境在下午四五点时，小贩的叫卖声、纳凉摘菜的老太太的聊天声、胡同儿口老头儿下棋的叫喊声、学生放学的嬉闹声，这完全不同的氛围也会在我脑中出现。

在来上海前，想到上海的第一个场景，就是一条狭长的街道，两边是清一色的石库门建筑，路边栽种的是法国梧桐。时间应该是午后，梧桐叶的影子斑驳地洒在地面上，或者路边的黄包车上，随着微风摇曳。再或者是傍晚，下着蒙蒙细雨，有穿着旗袍的女子独自打着油纸伞，或是一位绅士为她打着黑色的英伦风黑伞的背影。是一种具有欧洲风情的，却又处处透着中国风的小资情调。

这种猜想中的情调在我近来游逛书中提到或没有提到的一些老街区时被印证，甚至强化了。

青红搭配的砖墙，精细的柱头，锻铁的围栏。细节，无时无刻不散发着一种欧式的优雅和细腻，如同烦琐细致却优雅的法国宫廷礼仪。虽然这些昔日被独享的花园洋房在今日可能被多家瓜分，主人风采不再，但老房子和街区本身仍然散发着一种像是想象中民国上海贵妇人优雅的气息。在这里，建筑和人成为了一体。

北京的老街道在于空，在于古，在于雄浑；而上海在于艺，在于雅，在于细腻。有意思的是，我觉得雄浑和细腻这两个形容词，用来形容北京和上海，也是蛮恰当的。

四

我的小学同学A祖上是上海的文化名人，也算显赫一时的大家族。去年我陪她一起去新天地的上海档案馆参观其曾祖母师徒等人的联合画展。保留下来的画作都是画家的后人们拿来展出的。虽然已近百年，但画作都被保存得很精心。这些后人里，有移居美国的，移居香港的，嫁入豪门的，也有家道中落，成为普通工薪阶层的。但是他们都衣着笔挺，昂首挺胸，一副凛然端庄之态，如果不细细分辨，几乎很难从中发现区别。这件事儿，是我在看到那段关于红房子西餐厅没落买办家庭章节时回想起来的。我想，他们都是一样的。

同时想到的是初中同学B，满族人，据她说其曾外祖父祖上是爱新觉罗皇室的一支，在清末虽也已没落，但仍在某胡同有大片房产，可谓家大业大。然而到了现在，就是大家一起嘻嘻哈哈，打打闹闹。也可以一起在路边吃麻辣烫，一起"衣衫不整"地贫嘴嬉闹，毫无顾忌，毫无架子。丝毫不像上海没落的大家族一般仍然端庄地顾忌曾经的身份。

我想这是性格的区别。也是城市大文化的其中一个缩影。

从性格上来说，北京人，特别是南城的老北京，生活讲求的是一种闲适，一种不羁。不了解这种性格的人，会觉得北京人懒散，"都以为自己是大爷"。但其实这是一种乐观豁达的精神。我想，这是在很多代人见惯朝代更迭、家族兴衰和战乱的情况下养成的一种性格，是一种看淡了荣辱、宠辱不惊的性格。

而上海人，我觉得，就像书中写到的没落的买办大家族一样，讲求一种自尊，绝对的自尊。不论遭遇、境况如何，都要直起腰杆，让别人尊重。不了解的人，往往也觉得上海人"排外"。在我刚来上海时，有一个现象是，在上海的超市或者小饭店，收银员总会用上海话报账，我也曾觉得十分不便，觉得这样是欺负我们不会上海话的人。但我现在明白，这是一种对自我文化的尊重和自豪感。这有些像很多法国人拒绝讲英语一样，是骨子里的一股硬气，一种不愿低头、不愿服输的硬气。

五

这就是我的家乡北京和我现在算是"旅居"的城市上海。

这是我从小身处其中感悟体会的北京，和在作者带领下重新领悟、在亲自去过那些街道后重新体会的上海。总之，对于这两座城市，都有了不同的情感。

我想到每次坐火车经过一个小城，或者在北京和上海经过一个从未去过的区县、街区。对于它们来说我只是过客，而对于我来说它们只是一个甚至不知道名字的地方。然而对于住在那里的人呢，那里却是有着无比厚重的感情的地方。他们知道那里的历史，那里的故事；他们谱写着那里的历史，成为了那里的故事。也许任何一个地方，只要愿意去了解它，真实地体验它，都会发现那里的文化，那里的气韵，而对之产生情感。

我还想到，当我行走在无论是北京还是上海的老街区中，看到穿着当代服饰却犹如建筑那样满是沧桑的老人行走在其中时；看到打着现代招牌但买着旧式西装定制或者老式相机的店面开在胡同里、里弄中时，我觉得他们赋予了老街区新的活力与魅力。老房子还在那里，老街道也在那里，虽然铺上了新的沥青大道，虽然换上了带有防盗网的新窗，但那种氛围还在。几百年后，当我们现在的街道、建筑也成为了历史街区，不知又是怎样的感受。

读了很久，想了很久。陈丹燕从一个

个小说似的行文叙述中,将上海的风貌、人、历史、情感、文化表现得淋漓尽致。他们淡淡地隐藏在每一个人的动作、眼神和内心思想中;隐藏在每一条街、每一栋楼及每一户人家的装潢摆设中。

这是对于自己热爱的家乡最真挚最细腻的观察了。

我想,每一个像作者这样对自己的家乡充满爱的人,对儿时的生活、儿时的城市形态充满回忆与思念的人,读这本书的时候,都应该也能想到很多,无论是人、物或事。他们就好像刚刚发生过的事情,自己刚刚还身处的老房子,刚刚才和自己说过话的小学同学。夜晚想到这些可能会落泪,也不知道究竟是对过去的生活、朋友的思念,对于过去自己的怀念,还是对于光阴一去不回的惆怅。

这之中也会惊奇地发现自己也会记得那么多小小的细节,而也许这些细节也就承载了家乡的文化。或相同,或不同。总之,一定会感触颇深的。

像人一样的街道

罗琳琳

100524

4 永不拓宽的街道

城市里有血有肉的街道的生活，是记录这个城市成长的痕迹的史诗。这个记录就像人一样，活在四维里、空间、时间，走着她的人生。不要随随便便动迁，拓宽，以任何形式干预一条都不了解更谈不上理解的街道，这是需要被承认的，就像大家早已对"不要随随便便干预一个人的人生"这种说法达成共识。城市需要被保护，街道的是其中一种需要被保护的痕迹和面貌。

原来，一条街道就像一个人一样，有生，也可能会死；也可能独自带着某种被风化且不被珍惜的记忆，拖着弱身子，蹒跚地走着，但也只能越走越无力，永远消失在城市人的身旁；也可能是她有幸，子女孝顺懂事，懂得继承衣钵，所以一代又一代的新生让她越"活"越久。

读这本书以前，有过这样的课堂改图对话。

问："你的道路红线有画出来吗？"

答："哦，忘记了。"马上用铅笔在有着很多很多线的黑白图上又增加了一条不大直、有点粗的线。

从此以后都会记得画上道路红线，把建筑和道路明显地隔开，道路上面没有画上人，没有画上脚印，也画不出一点声音。

问："这次道路红线记得画出来了？"

答："嗯，人行道也标示出来了。我把建筑往后退，拓宽人行道到 4m，车道为双向两车道 15m！"

问："为什么人行道要这么宽？"

答："我想要……"一大段动人的描述，所有能设想到的美好景象都出现在这条街道上，讲的是一点也不谦逊的陶醉。

这单纯只是还没出茅庐的设计师的"想要"，在没有任何尝试理解附近街道、建筑、人的历史背景下，走走现场，拍拍照，说声"今天太阳太大了，我们赶紧多拍几张照片就坐车回去吧"，压根都没有注意到街边梧桐树下那个坐在藤椅上表情惬意的老爷爷。

从冰冷的 CAD 上的线，从照片中拍下

的自己选好角度的街道，或是从自己曾经走过也曾停下来过感叹的街道，我都不曾意识到其实街道就像一个人一样，有血有肉，有着由很多家组成的过去，每个家的故事千千种种，就是这样街道和人一起经历着，也有些过去是那么地让人惊畏和感慨，总是像某种声音在提醒着我们某些事情，我们容易忘记却攸关重要的"质"的东西。街道，真的很深，很深，很深。

我说："不敢想。"但是我理所当然地要求他设想，好像对他来说是应该的，对我来说却是意外。这是人们心中暗存的歧视吗？即使是幸存者，也已伤痕累累，无法完全逃脱干系。苦难深重，尝试过命运

的眷顾，有时是古怪可耻的人生，是失败的人生。

人们如今回避提起那样的往事，也许是处于这种羞耻感吧。

最好能忘记命运的重拳。

"'文化大革命'没有彻底清算，就意味着它会再来。"韦然说，"'文化大革命'再来一次，就意味着我的亲人们当年都白白地赔上了性命，没有意义。"

这话他十年前就说过了。一边紧紧盯着你，表情也是一样的。

幸存者的责任，就是与忘却做天长日久的斗争，他们和纪念碑一样，永无轻松的可能。

淮海中路上的幸存者，不曾想过在这么一条摩登、紧随世界潮流的路上会有这么一个血肉生活着，而且带着那不能挥去也挥不去的折磨人的记忆穿梭在这条路上，看着如今路上人来人往，他是如何看，又怎么想。如果是我，我会恨这条路，也会深爱这条路，我不得不爱，仅有和亲人的记忆都储存在这路上了，复制不了，也无法剪切到任何地方。

在我脑海里一下子钉上了这么一个可敬可怜可悲的形象。我们不要再去"设计"街道，"设计"别人的生活，根本就没有丝毫的资格。政府发文整改，任命某某为规划设计师，你还是没有资格，这条街道比你活得久得多，见过的世面也多出许多，一个不知敬畏的后辈竟敢磨刀霍霍。不如就在那住下来，或是每天在那闲逛也好，找住那的人，在那工作的人唠唠家常也可，多听听街道她怎么说，听听人们的故事，人们的记忆，用心地去体验理解这条街道。她的声音很小很小，但话里的每个字的力量都足以给你的心一拳。

街道的灵魂在于血肉曾经存在，并一直存在下去。

聂绀弩、黛西、吴毓骧、韦然、姚姚、裘小龙……这些人。

《送你一支玫瑰》、《大海啊故乡》、《远飞的大雁》……这些旋律。

"how do you do? How do you do? Glad to meet you. Glad to meet you too."……这些声音。

还有《毛主席语录》……那些文字。

我们无法忽略这些存在，也要好好地看这些存在，历史的街道，街道的历史，不会因为改头换面就把里子也换了。这里子是我们要竭尽全力保护的，那是血肉，那是城市的灵魂，若是没有了，那城市也就只是设定好的机器而已，可以很好地运转，但是有意义吗？

只希望不要因为发展把这个城市的血肉细节抹掉，不要理所应当地拓宽任何的街道，你不懂她，就不要随便把她抹掉后再"高尚"地赋予她新的生命，或许她完全不需要。一条条街道不只是让车疾驰，让上下班的人有途径到达创造经济价值的办公楼，让城市 GDP 不断增加，不，不仅仅是这样，街道还有贴近人到不能再贴近的市井生活。马路边吃早餐的年轻小伙，一手拿着手机，一手拿着油条往嘴里塞；或许是透过玻璃橱窗，看见几个时尚女孩，在椭圆形的长镜子前不停地摆动身姿，恨不得可以把穿上新衣的自己360°全精确扫描一遍，玻璃外面的车的喇叭声对她们倒是一点影响都没有；又或许是哪个历史著名人物的后代，经常"躲"在离街道一墙之隔的花园里，放着几几年代的舞曲，却再也没有那种恰当的氛围值得翩翩起舞，这嘹亮动人的旋律，却没有外面小贩的吆喝声来得更入耳。

城市里有血有肉的街道生活，是记录这个城市成长痕迹的史诗。这个记录就像人一样，活在四维里、空间、时间，走着她的人生。不要随便动迁、拓宽，以任何形式干预一条都不了解更谈不上理解的街道，这是需要被承认的，就像大家早已对"不要随随便便干预一个人的人生"这种说法达成共识。城市需要被保护，街道是其中一种需要被保护的痕迹和面貌。说上海幸运，上海目前有 64 条永不拓宽的街道，还有像陈丹燕、伍江等为城市进程竭力保存故事和历史的人，但是也谈不上幸运，还有那么多已经被篡改、即将被篡改的街道呢？幸运也罢，不幸也罢，上海这样，其他城市也如此，曾经的根，是城市走向未来的基础，倘若人们早早忘了内在精神上的生活，机械化的城市，程序化的生活，僵尸般的人，越活越不知，也就是最终的宿命了。

唤醒人们保护值得珍惜、保存并延续的城市精神，街道里的点点滴滴有人味的市井，才是做得对的事，也是作者花了那么多时间去读那么多的街道，转译成可以感动人的文字的初衷。不要让街道，让城市，让人再失落下去了！

她，像人一样，所以也请像人一样对待她。街道的孝顺子女，我们应该是这样的形象！

永不拓宽，永远年轻的道路

林哲涵

100925

4 永不拓宽的街道

可是说这块地方满满地装着近代上海的沉淀。其中的不少，现在也就是所谓的永不拓宽的道路。它们穿越了百年历史一直到现在，周围的建筑和事物发生着变化，但空间格局一直未变。你能在这里感受到那个曾经的远东第一大城市的各个单元组成。然而，虽然有着历史，它们也有着属于自己的"新"，有着这个时代的味道。

"关于这本书"

这本书用不同的故事将整个上海几条代表性的永不拓宽的道路串联在了一起。"道路"这个本来并不生动的名词在故事的映衬下显得有了自己的生命和记忆。这些故事表现着历史的印记，也标志着上海的发展与变化。从中可以感受到上海这座城市的性格和在这座城市里生活着的人的性格。

当然，故事毕竟是故事，它们在一个时代里静静地存在着，有人如陈丹燕会将它们记录下来，让人们把它们从逝去的时代里拿出来仔细回味。这些道路一直留到现在，它们的功能和界面也会悄悄地发生着改变。

那么，现在的这些永不拓宽的道路又是怎么样的呢？它们和当下这座城市的关系又是怎样的？我也有幸根据自己在这些路上的行走和体验写下自己对这些道路的理解。

"关于现在的这些路"

在手机 app 刚刚兴起的时候，我下载了一个叫"周末画报"的 app。里面有一栏关于城市的版面，主要是介绍北上广三大一线城市的一些城市里的风尚信息，比如美食、展览、书店、DIY 活动等等。我主要留意了关于上海的消息。发现，这些门店基本都有着这样的路名："泰康路"、"长乐路"、"康平路"……那时我也才刚来上海，不是很清楚这些路名在什么地方。后来翻看地图才发现，这些地方基本都是位于上海的租界区域。这些路名所指示的都是由租借时期的里弄和花园别墅组成的。

对于那些年轻人来说，他们好像是旧上海的证人，证明以前那个传说中的奇迹

城市的确存在过。

可以说这块地方满满地装着近代上海的沉淀。其中不少就是所谓的永不拓宽的道路。它们穿越了百年历史一直到现在，周围的建筑和事物发生着变化，但空间格局一直未变。你能在这里感受到那个曾经远东第一大城市的各个单元组成。然而，虽然有历史，它们也有着属于自己的"新"，有着这个时代的味道。

"关于这些路上的店"

也算不上是自己刻意的安排，很凑巧，这个学期的前两个月能有机会在这片区域体验。

开学的时候，在大众点评上看到了一家最近很火的餐厅，名字叫"赵小姐不等位"，是男主人那多给女主人赵小姐做的特色菜，为了不让吃货赵小姐不再为吃饭找不到空位而犯愁，索性自己为她开一家餐厅。算是一家夫妻把自己家里的吃法搬出来给大家看的店。看到其中一项"灵魂猪油菜饭"，让我想到自己以前的小时候外婆给我做过的菜饭。便决定和同学去试试。这家店在长乐路上。有一个圆形的雨棚作为店面，里面还保留着里弄住宅的格局。2层半的房间里安排了尽可能多的座位。店的打扮也很用心。暗黑色的木质家具和烤瓷餐具都让人有温馨的感受，墙上放了很多女主人平时看的书。菜色很有特色，盐烤为主，和一般餐厅以调料为主的做法不同，这里的做法是将新鲜的食材直接放在盐上烤制，食材熟后沾上点雾化后的盐汽就刚刚好可以食用了。这样的做法尽可能地保留了食材的原味，也没有过多的调料引起的健康问题，食材本身所含的水分也特别多。这家店一直营业到凌晨2点，算是一家深夜食堂，来的食客也确实不少是过了12点才来的，一伙人加完班，拖着身子来到这里，剥着壳吃着海鲜，喝着清酒或是冷泡茶，一边聊着天，浓浓的亲切的氛围。这里真的是沪上难得小聚的场所。

也大概是在9月底的样子，和一个同学出去闲逛。他带我去了巨鹿路上的一家书店，叫渡口书店。店面很小，由一家花园洋房的小花园的一层改造。由于店面很小，里面也没有摆放很多的书籍。主要以文学、艺术和建筑类的书籍为主，也有一些杂志，不少还是同济大学出版社的，有不少熟悉的老师的名字挂在上面。除此之外还经营一些明信片等纪念品。这里比较人性化的一点就是你可以坐着读书，进行挑选或只是坐着看一会儿打发时间，并不需要点额外的饮料。整个房间里放着很安静的音乐，收银的小哥也只顾自己看着自己的书。你可以很有兴致地把这里的书籍都快快地翻上一遍或是把那些小物件都把玩一遍，有合适的拿去结账，或是推开店门轻轻地离开当是一次在人家里的阅读体验。一次偶然有兴致查了下这家书店，他们有着自己的网站，不时地更新着新到的书籍的信息。这其实也是一家在豆瓣上很有名的书店，在平时也经常举办各种活动邀请读者来参加，包括朗读会、集市活动、阅读讨论心得、播放电影、新书订阅、讲座展览等等。店内也摆放着一些朋友的作品。

10月初，一位有段时间没见的高中同学约我一起在外面吃饭，她带着我在这个街区逛了逛，挑选着合适的餐厅。后来她决定带我去一家吃创意菜的餐厅，叫"萤七人间"。同样是在巨鹿路上。大大的白墙上只有一个门牌号和一个入口。往里面走上去，有九个洞，代表9个数字，需要把手伸进去表示输入相应的数字，然后就可以打开左面的门，密码是在订餐的时候告诉的。进了内部的光线非常昏暗，但到处都坐满了，有专门的吧台和餐桌。餐桌是以清明上河图为底的桌布，还有每个盘子上都会有两个字谜。另外也有一种是以成语为背景的餐桌，桌面上的每个方块都代表一个成语。餐具也有很多中国化的内容。厕所是非常有意思的一个点，不能多写，需要大家自己去体验，第一次去真的会觉得很好玩。后来才知道，除了这家店以外还有一家"穹六人间"，虽然算是连锁的分店，但里面的布置和元素设置都有一定的区别。

其实这样的店铺密布在整个区域内，无论是巨鹿路、富民路、长乐路，还是南昌路、茂名路。这些店铺都没有很张扬的店面，而是很安静地放置在街边。店的主人会精心地把它打扮得很干净，很有属于自己的个性。似乎这些店也成为了店主个人生活的展览馆。或许也正是因为永不拓宽的道路，双向两车道的尺度，树枝伸开刚好高过一层楼的梧桐树，让这些规模不大的店铺能够有安身之地。而这些店的开设，或许并没有政府的统一规划和处理，而是自然而然地产生了，并逐渐覆盖了一条又一条的路。它们就和几十年前的这里一样，依然会有很多很多的故事在这里发生。永不拓宽的道路，继续成为这些故事的载体。

"关于现在的上海"

从陕西南路地铁站准备回到学校的时

候，我发现这个站已经位于一个巨型综合体的地下了。这个巨型综合体涵盖了商场、住宅和写字楼。在整个片区内显得非常的鹤立鸡群。这里的商店也完全区分了之前在这些永不拓宽的道路上的店面。它们张扬、庞大、华丽地展示着自己去招揽商业街上人来人往的人群。这应该就是目前城市里的人越来越熟悉的大型商场了。

其实不只是这里，静安寺、徐家汇、陆家嘴……每个商圈都有着越来越多这样的大型商场。这些综合体商场，都是千篇一律的店面。它们可以存在在这个商圈，你也可以在另一个商圈找到完全一样的一家。在上海快速发展的进程里，每个郊区中心也变成了这样的综合体。那些品牌也都是简单复制到整个城市的不同区位，让附近的居民可以快速选择自己需要的品牌。

"永远年轻的这些路"

然而，虽然外面的世界有着天翻地覆的变化，上海处于中心位置的这些永不拓宽的道路依然还在，它们依旧守护着上海这片土地发展初期的肌理。与这些商场里千篇一律的店面相比，在这些路上的店铺，越能让你有一种新鲜感和亲切感。虽然并不是那些几十年传承下来的店铺，可能有的才刚刚开张。它们的装潢和设计已经非常赶得上当下的潮流，提醒你并不是在过去的某个时间点，你是真真实实地存在。但是这样的空间载体，却仍是在上个世纪初留存下来的城市街道和建筑里。你也会很自然地在其中感受到一种历史的痕迹。这种痕迹很淡，不明显，却告诉着你，你在上海。永不拓宽似乎让它们定格在那个时代，但它们的内部早已注入了时代的血液，永远年轻着。

"既有现代化的设施、建筑、合理的空间，也有优秀的历史文化建筑。在那里，人们可以得到物质生活的满足，也能看到砾石，看到回忆。这是伍江对上海的理想。"

书里引用伍江先生的这句话，我想在现在的上海，在那些永不拓宽的道路里，在那路上分布的一家家的店里，可能已经得到了一点点的实现。

衰亡即是再生

何蕾丝

1156086

4 永不拓宽的街道

　　有些时候，一栋老建筑、一条街道或是里弄不一定要得到保护，看着他们自然地衰败，也是一种方式。并不是每一栋旧建筑都适用于像新天地或者外滩那样的改造方式，他们的衰败也是一种活着，我想这是他们不屈于时代的一种特征。

　　初读《永不拓宽的街道》，其散文的形式让我觉得有些难以理解，草草看了几眼就放下了。偶然又再次拾起，稍翻几篇，感觉有些顿悟。作者讲述着那些街道上具有特殊意味的人与事，以勾起回忆的方式描述着每个人心中的街道。从父母口中听到的小红房的牛排，到复兴中路已经衰败的花园，以及在父亲肩头上看到的外白渡桥——这些并不仅仅是书中的故事，故事已经渗透到了我的回忆里，于是我的心中也有了那些街道。

　　对于旧建筑，建筑师的态度无非就是改建、保护、修复——保留苍老的表皮，置换全新的内在，以及精心修复无法代替的东西。似乎如果建筑师不采取任何措施，他们便会崩毁消失，已经到了要上濒危列

表的地步。但是这种保护真的是这些建筑最好的晚年吗？

　　《复兴中路·花园》一篇给出的看法着实有些让我出乎意料。故事一开始，奶奶早已执意要把花园卖给堂叔，而堂叔也恰巧有着想要恢复花园的梦想，一切都看起来恰到好处。但在听闻了复旧的事后，奶奶却一口回绝了堂叔，并称那最后的花园是"假牙齿"，复旧也只是"假装没坏"。虽然只是一个比喻，但这句话却多少有些震撼到了我的观念，让我不由得开始思考：对旧建筑的保护真的是必须的吗？难道一定要让这些老建筑跟上时代的脚步？

　　且不说成功的新天地和其他经典改造案例，在繁华的南京西路和福州路之间，有着一段小小的街道。它完全无法和书中

任何一条街道相比拟，却在我心中有着特殊的意义。在我高中的时候我的加拿大华裔朋友曾经带着我一起穿过它来到福州路，街道上有着和周围高楼格格不入的老式里弄和法国梧桐，当叶子的阴影洒下来的时候，我的朋友指了指二层微开着的木格栅窗户："喏，我小时候曾经在那里往下望。"

于是我便突然对这条街有了感情。

如今我那位朋友已经飞去了地球的另一半，从这条街道上抬头只能看见越来越少的天空以及越来越多的大楼，但每每经过那扇窗户，若看到还是有人居住，我便十分安心。但如果它被改造成了像新天地

或者外滩18号那样的高档消费区呢？也许我就再也没有能在那扇老窗下悠悠走过的心情，这条小街也不再是那条幽静的小街了。

有些时候，一栋老建筑、一条街道或是里弄不一定要得到保护，看着他们自然地衰败，也是一种方式。并不是每一栋旧建筑都适用于像新天地或者外滩那样的改造方式，他们的衰败也是一种活着，我想这是他们不屈于时代的一种特征。

有些建筑不需要过多的保护也能活在我们的记忆里。因为每个人心中都有一条永不拓宽的街道。

瞬间记忆——一个摄影学徒的漫游日记

顾云迪

1150325

4 永不拓宽的街道

最喜欢那繁茂的梧桐，每次从地铁站出来，都会眼前一亮，像穿越了虫洞，穿过层层的高架、扑面的尾气，来到这安逸的世界。遮天的是法国梧桐，鲜脆的色彩，连透过的光线都染上了饱满的生气。古老道劲的枝干上，蓬蓬勃勃重重叠叠的叶子，一团一团肆意地绽放开来。

刚买相机的那会儿，喜欢和哥哥跑出去扫街，尤其喜欢往衡山路一带跑。不像陆家嘴的活力迸发，高楼林立，不像南京路的日夜喧嚣，人潮涌动，她总是那样的安静恬美，明明已经敛了眉目，却还是遮不住天生的贵气。那或直或曲的房屋线脚，那品酒品茗的悠然自得，那夕阳浮起的暖暖余晖，只觉得哪里都美，想用相机记下那些瞬间。

最喜欢那繁茂的梧桐，每次从地铁站出来，都会眼前一亮，像穿越了虫洞，穿过层层的高架、扑面的尾气，来到这安逸的世界。遮天的是法国梧桐，鲜脆的色彩，连透过的光线都染上了饱满的生气。古老道劲的枝干上，蓬蓬勃勃重重叠叠的叶子，一团一团肆意地绽放开来。

我想起，暑假时，和同学一起沿着翔殷路骑行。一个同学说，上海的路没有感觉，不像在更南方的一些城市，树荫可以把道路包起来。那时的印象，最深就是挡不住的烟尘，挡不住的炙烤。两旁的建筑物缺少连贯的起势，第一轮廓线零零散散。两旁的店面，挤着高低错落的招牌，挤出需要打磨的第二轮廓线。那是浮躁的街道，还在褴褛中的急待成长的街道。

淮海中路、武康路，这些永不拓宽的街道，早已不是那无知的少年郎。就像宋冬野唱的，"董小姐，你才不是一个没有故事的女同学"。看着眼前融融于夕阳的街区，只觉得有种安定人心的力量。只有经历了很多，感悟了很多，才能跳脱于大喜或大悲，才能在任何时候，都含着安恬静美的微笑，

不需要年轻，不需要貌美，单单这份气质，就足够摄人心魄。

　　浓密的树荫诉说着它悠久的历史。《街道的美学》中提到，据麻省 Kevin lynch 教授的研究，树木是美国人成长期中的重要契机。孩童小小的视角中，四散的叶子是鲜活的色彩，敦厚的树干给人坚定的力量。

　　有时候，很多很多年，只似乎是不经意的一瞬间。上一个相片中，还是攀着树干的小孩，下一个相片中，已成为迟暮老者，只是原来攀着树干的小孩变成他的孙儿。而不变的是那连绵的树荫，成为了多少代人的成长背景，成为心中永远的家乡风景，成为城市的记忆。

　　回味着陈丹燕的《永不拓宽的街道》，

一边在周边慢慢步行，突然觉得自己是多么浅薄。不仅仅是沧桑伫立的梧桐来见证，每一砖每一瓦每一缕日光都曾经见证，这里有那么多的往事。这安静雅致，是历史的厚重，是一部部沉甸甸的故事。

　　不敢随意按下快门，总是带着谦卑的心情，将一草一木小心收入镜头。或许，在同一个地方，当光线照到同样的角度，那些个瞬间，它们伴随的是吴毓骧被收押时的瞬间绝望，是戴西被生活打倒恢复的恍惚惊惧，是上官云珠的无奈赴死，是程述尧、吴嫣维持的强硬自尊。这些能引起惊鸿一瞥的人物，在那些个瞬间都真实存在着，正是这每个瞬间的一举一动或哭或笑，连贯成历史的章章幕幕，成为茶余的谈资，后世的故事，伴随岁岁年年的风霜沉淀，刻进这些永不拓宽的街道的骨子里。

路过淮海路的星巴克连锁店，女子看着文件抿着咖啡。腾腾的热气中，我似乎看到陈丹燕在写淮海中路的记忆时，与韦然对坐的身影。在我自己映在玻璃窗上的影子旁，似乎还有几十年前的，穿着打补丁的咔叽布裤子的迷惘青年，被突然剪开了裤管惶惶然又很快将裤管卷起以保持一贯体面的女孩，动乱中热情高涨的红卫兵，敏感疲惫的人群。这真是种奇特的感觉，依旧在同一个地点，太阳依旧走到了相同的位置，却是不同的生活场景。当下活生生的来往人群与前一个时空中同一节点的影子并行，融融暖阳中嗅到前一个时代中的惶惑无奈。亡者的痛苦，幸存人与忘却做斗争的执着，当下人的悠闲生活，叠合起来，成为立体的历史，成为街区的记忆，沉淀的气质。

路过武康路上的花园洋房，我按下快门。瑰丽的红瓦、明艳的饰面与晒着的朴质的衣物形成鲜明对比，隐隐讲着故事，也许是从前的辉煌，也许是动荡时代中的政策改革，也许只是当下生活的侧写。下一个瞬间，它可能还是这般模样，但此刻，是我看到的瞬间，给了我此刻的感悟，这是独一的。正因为有很多个不同的哈姆雷特，这个角色才会在戏剧之外，也无比鲜活饱满。

很多个这样的弹指一瞬，组成了分分秒秒日升月落岁岁年年。每一瞬间可能只是漫漫长河中的轻轻一瞥，也可能是一个重要节点，但因为有的真实体验，汇集成

时间长河丰富的色彩。从不停歇的光阴，让每一个瞬间都成为独一无二的风景，值得记录的存在。

很多个瞬间的记忆组成了街道的记忆，又组成城市生活的记忆，将街道将城市的气韵层层酝酿，让很多人一眼就爱上了她。这是种幸福的拥有。

徐汇区房地局副局长朱志荣先生从16岁开始丈量。他的少年、青年、中年与这些街道紧密联系在一起，看到了这些房子如何一日日改变容貌，住在房子里的人们的命运如何一日日起伏。

"你想象中修整好的武康路是什么样子呢？"陈丹燕问。

"是我十六岁时第一次看到它的样子：清静、整洁、优雅。"他答。

这是多么动人的话，就像看到当年美丽的姑娘，看到她变得美好，忆起她年轻时的模样，也会想起年轻时的自己，而自己看到了她一步步变得更美的过程，甜美的情愫，幸福的守护。

在书的最后一章，陈丹燕提到武康路的保护利用。计划中，不同于新天地的新街区创造，而是整治老街区，保持武康路的原汁原味，每一栋房子的位置甚至行道树的位置都会仔细斟酌。这是武康路的幸运，也是游人住户，是所有人的幸运。

每次走在旧上海路上，每一块砖，每一扇门，每一张月历牌，都是那样令我欣喜激动。我总会不由得想象，这里曾经发生过什么？又有没有后人还记得？我想很多来访者也有同样的念想，我想住民会为此而自豪，我们会共同守护那些记忆，共同创造那些记忆，那些岁岁年年。

街道不该失去记忆

陆一栋

100358

4 永不拓宽的街道

记忆的街道总是跟有生命的东西联系在一起，譬如人，或是由人而引出的一段故事，甚或，只是一棵树，一株草，乃至一根电线杆，一块路牌。有了生命，有了温情，有了一连串的人和故事，那原本凝固不变的街道，一砖一石，一草一木，自然就深深地植根在记忆深处了。

"并置在柔和的灯光下、散发着伤感而甜蜜的东方女子气息，如同小提琴里的越剧曲调展现出来的缠绵一样充满异国浪漫的情调。"这是整本书中最打动我也是最让我有共鸣的一句，正如我心中上海街道的味道。

街道如同城市的血脉，有机地交织，迸发出特别的活力。书中的 18 条永不拓宽的街道，每一条都有一个故事，那些片段、那些人，它们相互串联起了一个个故事，而这些故事是城市历史的代表。也许每段历史时光，每代人都有发生在这条街道上、属于自己的故事，或许不尽相同，或许有些庞大有些渺小，但是，这是街道的记忆，更是属于城市、属于上海的记忆。

以下分享两条自己记忆中的街道。

愚园路

愚园路乌鲁木齐南路路口，有条新式里弄——愚谷村。街道从这里开始，故事也从这里开始。小的时候，在附近的学校学画画，因为这条里弄是穿越南京西路和愚园路的，所以每次都从这里抄近路。上课是在晚上，夏天的时候，住在愚谷村的人们吃过晚饭，都会搬出小板凳坐在弄口，聊着天，仿佛怎么都聊不完的样子。下课回来的时候，阿姨们都已经回去了，弄口经常能隐约听到电视声，老人们因为听力不好经常会把电视的声音开大。对于那个时候愚园路的记忆就是长者们聊天的场景和一些断断续续的声音片段。

高中的时候，回到了愚园路边的学校

就读。愚谷村还是原来的样子，只是略微缺乏了些生活的气息，好多老的住户都已经搬走了。而一层沿弄口的房间好多都已经租了出去，新开了咖啡店、水果店或是小的餐饮店。中午常常从学校出来，改善伙食，而这条街上开的这些店都显得特别美味，而且仿佛多了一种老上海的独特味道。

回家的路从静安寺到中山公园，经常会从愚园路的这一头回到愚园路的另一头，这条路不宽，但是却要容下超负荷的交通，自然容易堵车，所以时常可以好好看看愚园路上那些漂亮的花园小洋房，去发现两边小店的店主又给自己的门面上安上了新的漂亮装饰。总而言之，细细地观察这条街道就能发现它的精致、优雅和淡淡的"摩登"味。

建筑是文化的沉淀，亦是时间所能交给人类最为直观的历史胎记。

还有，愚园路上的法国梧桐有的保留下来了，那些活了大半个世纪的梧桐将整条路包裹在自己的身下，它们的年龄在树的家族中并不算长，但它们有可能看见了一段极难复制的历史，经历，并继续经历下去。

南京西路

记忆中对南京西路印象最深的一段在石门一路到茂名北路之间。南京东路一路延伸过来，这条路大气而不失雅性，而这一段却充满了市井的味道。路口的王家沙总店，如今是一栋沿街面全为玻璃的四层建筑，在这条街道上显得十分抢眼。时至今日，上海的传统点心似乎与逝去的时代一样日渐式微了。对于年轻人而言，传统点心是逝去的记忆，这里每到中秋，每到清明仍然会排上长长的队伍，人多的时候可以延伸到石门路上，在这里排队就是想吃下原来的味道。马路对面的宋庆龄图书馆已经略显陈旧了，小小的图书馆靠志愿者的长时间帮助继续维系下去，而那些喜欢看书的孩子还是经常会过来。

王家沙的背后是吴江路，如今的吴江路，干净、高雅，很多原先拥挤略显脏乱的小吃店已经搬入了统一的门面。拆迁之前的吴江路人流熙熙攘攘，吃串烧烤或是生煎之类的人经常还需要在室外排很久很久的队，如今只能在食物中去回忆这些氛围。

曾几何时，你也许也正是这拥挤人流中的一员，这里曾是上海最热闹的小吃街之一，很多的居民在这里生活了几十年、几代人，很多的老板在这里经营他们的梦想，更有很多的人在这里走过了他们的串串回忆。

这些街道上的故事，对于每一代人都是不同的，专属于他们的时代，或许未来在这条街道上能够勾起一部分的回忆，但是终究还是不同的。也正是这样，让街道展现出不同的韵味和多元的特征。

街道无言。让现实中的一条街道成为过去，这很容易，只要用上几部推土机，甚而来上一次爆破，再从废墟上重新建起新的现代化的建筑群就行。让人们记忆中的一条街道成为过去，可不是那么容易的事了，不知道会在什么时候，白天还是黑夜，它，冷不丁地就会在你记忆中抬起头来，接着不断扩展、延伸，把你的脑子塞得满满的。人常常会在现实和历史之间左右为难，就像芊芊细草，孱弱而可笑。记忆的街道总是跟有生命的东西联系在一起，譬如人，或是由人而引出的一段故事，甚或，只是一棵树，一株草，乃至一根电线杆，一块路牌。有了生命，有了温情，有了一连串的人和故事，那原本凝固不变的街道，一砖一石，一草一木，自然就深深地植根在记忆深处了。看那些永不拓宽街道的名录，不由心生感激，心生希望。不忘历史，回望历史，有时代表着一种进步。街道跟人，跟人的生活，跟城市的过去、现在和将来，休戚相关。街道无言，但街道又是有生命的。街道不该失去记忆。

对看，或去或留

张黎婷

1150331

张黎婷

1150331

4 永不拓宽的街道

走过华亭路、延庆路、五原路，来到了武康路，街道显得特别安静。几乎没有什么行人，这样的街道实在适合秋天。书中的武康路是无比内向的，在街道边上沉浸的洋房中，从前时代中的人们在其间或许有的血雨腥风，每一间屋子都有它自己的历史。只是这些我们都只能从书上看到，而真实的是我眼中的武康路，新鲜的活力正在从墙间的每一条缝中漫溢出来，时间成长的痕迹也被刻在了砖头上。院子的墙已经围不住树，开下一道口子，树就从墙里出来。

"你想象中修整好的武康路是什么样子呢？"

"是我十六岁时第一次见到它时的样子：清静、整洁、优雅。"

而"既有现代化的设施、建筑、合理的空间，也有优秀的历史文化建筑。在那里，人们可以得到物质生活的满足，也能看到历史，看到回忆。"

……

看完最后一页，合上书本，我不由地去想，这些道路在我记忆中是怎么样的。作为土生土长的上海人，上海对我来说还是很大，淮海路街区也去了不少次，但多数时间是停留在淮海路上的我对永不拓宽的街道又有什么印象呢？答案竟然是很模糊的。于是带上相机，跟着书，从淮海路出发，走过五条街道，回到淮海路，一条说长不长的路线，说短不短的路线。在到达那里之前，我想象不到它们的氛围，竟是一街之隔，两个世界。

"那么，你打算去哪里消磨这两个小时呢？"

"咖啡馆又不开门。"郑玲说，"只有肯德基炸鸡店才开门。"

她通常下午饭后才去咖啡馆里读书，而且总是回到这个街区来，然后消磨掉整个下午才回家去。

——《华亭路：雪》

来到华亭路，感觉很熟悉。大一的冬天做里弄作业，调研的正是华亭路淮海中

上海的旧记忆和新血液
永不拓宽的街道 意象拼图

路路口的上方花园。在转角的肯德基里，我还度过了一个完整的不眠夜，每隔一小时来到路口拍摄下街景，正好那晚有月食，我还记得站在路口的肯德基门口，手上拿着摄像机，抬头，看着发着妖冶暗红色光芒的月亮，寒风吹在脸上，很扎。第二天凌晨的时候就进入里弄拍摄早锻炼的阿婆。那种冬天的凌晨空气的味道干燥地拉扯着鼻腔的感觉，和视线里纠结在墙面上的黑色落水管一起，让我对花园里弄住宅有了一种难以说清却从此对它们另眼相看的感情。这次来，是在一秒进入冬天的2013年，树叶还是绿的，空气也还没有跟上气温，味道还没有被挤出来，这下在肯德基门口的感觉，又有不同了，这条冷清的道路上，我学会了透过高高的绿色围护，看里面的洋气房子。

可能我来到20世纪20年代，住不起这些洋气的房子，但是现在，它们却似乎低下了它们高贵的头颅，默默退到围墙的后处，隐藏自己与周围钢筋水泥的格格不入，寻求这时代对它们最后的保护。我能看到它，但是更多的人看不到它。

"邻院的那颗橙子树，深秋的时候仍旧挂了一树黄黄的果子。1998年的一天，我离开我家院子，沿着五原路窄窄的人行道向西而去，经过程述尧和吴嫣从前住过的房子，穿过乌鲁木齐中路的街口，去张小小家。张爸爸已经去世了，不过他那张画画用的大桌子还放在家里。在楼下，我又看到那棵果实累累的橙子树。那时，姚姚已经去世二十多年了。"

——《五原路：亡者遗痕》

走上五原路，一种强烈的感觉涌上我的心头：书上的时代对我们来说像是一个遥远的画幅，同样的地点，故事已经完全不同了。所以我的关注点，更多是我现在看到的，历史究竟留下了什么。我走到了张乐平先生的故居，他的住宅没有对公众开放，但是这条小巷则记下了他笔下的人物——三毛。不知为何，我看到浮雕的时候，觉得这个三毛跟我童年记忆中的不太一样。记忆中的三毛，很可怜，衣服几乎没有穿过干干净净的，他的结局，我也忘了，甚至忘了有没有结局。墙壁上的三毛干净整洁幸福地让我不敢相信。但是他却作为一个见证人，见证了五原路的新老更替。路还是这条路，但是还是有很多新的生机注入了它，一对老爷爷老奶奶在豪大大鸡排店前停留，形成了一副有趣的图画。对于这条街，鸡排店就像是一个异类，因为新颖所以吸引人，新老的碰撞在这一个小小的炸鸡店中似乎被有形地放大了。但是，旧时光不只是利用漂亮的房屋停留在这个街道，更是通过这里的人留在这个时空。以前的手艺、以前的习惯还是用着可爱的方式留在了这里。"小季在里边拷边撬边修拉链"，一个缝纫机摆在路边，一个牌子挂在墙上，我们都知道小季在里面干什么，虽然我不知道小季是男是女，长什么样子，但是我知道如果我的拉链坏了，小季就在里面。旧式里弄的信息通达还是用这种简朴的方式保留了下来。或许这个摊子已经摆了十年甚至二十年，以前的时光我没有办法从书本上得到切肤的感受，却可以从这个小摊踩出的每一个针脚中获得拉扯不断的历史感和上海情怀。

同时还有的，关于艺术的碰撞也是在一方土地中显现了。在同一个弄堂当中，不同的艺术公司在里面工作，标牌放在墙

上，每个都是不同的个性。和"小季"相对的"老杨"会裱画，所以他的牌子跟别人有别。一看"老杨"两字，我就知道他是本地人，喜欢用这种真实而谦虚的昵称作为名字。想到儿时看的情景剧"老娘舅"，我一直都不知道老娘舅在剧中的真实名字，只知道他是每个人的老娘舅，这么朴实而诚实。

"上海各个时期的名人住宅分散在公寓和洋房中，著名的电影演员孙道临曾住在诺曼底公寓大楼里，著名的民国时期总理唐绍仪被暗杀在路尾的西班牙洋房中，著名的海派画家陈逸飞从美国归来的第一个落脚点在一个窄巷深处的20世纪80年代新公寓房里，而张爱玲的小说《色戒》中，乱世中用来偷情，那落满了细尘的小公寓，也在这里。它从前的名字叫福开森路。"

——《武康路：永不拓宽的街道》

走过华亭路、延庆路、五原路，来到了武康路，街道显得特别安静。几乎没有什么行人，这样的街道实在适合秋天。书中的武康路是无比内向的，在街道边上沉浸的洋房中，从前时代中的人们在其间或许有的血雨腥风，每一间屋子都有它自己的历史。只是这些我们都只能从书上看到，而真实的是我眼中的武康路，新鲜的活力正在从墙间的每一条缝中漫溢出来，时间成长的痕迹也被刻在了砖头上。院子的墙已经围不住树，开下一道口子，树就从墙里出来。这个细节让我感动，在很多的时

候，我们的城市发展得比自然快，而这里，因为建筑的停止，自然的成长体现了出来，或许树的出现是一种意外，但是也是活力的体现。同时，很多新兴的店铺也在这个街道上崭露头角。

小弄堂被改造成一个供人们停留的酒吧，闪亮的座位和周围的洋房在视觉上产生了鲜明的对比，一个闪亮的假人帅哥坐在门口，宣示着年轻的主权，他的手举着，招呼的是个别的懂这家店的人，必定是年轻的，另类的，同样也是海派的。不用奇怪它的颜色出现在洋房的街道中，因为上海本身就是海派的。

在大上海中，武康路渐渐转型，时尚标志印在了墙壁上。高级时装店的墙面上，画上了漂亮的走廊和衣着体面的服务员。

这种壁画是符合这条街道的气质的，说明了新老的融合其实并不只依托于材料本身质感之间的搭接或者形式上的雷同，更重要的是气质上的吻合。上海是摩登的，也是温情的。在这个街道上，我们可能就是一个人走着，不认识跟我们擦肩的路人，也不认识斜靠在店门口的玻璃窗前看着我们的店老板，不认识穿着厚重的衣服站在路边收停车费的师傅，不认识迎面走来白发苍苍的老奶奶。但是我们又对他们无比熟悉，因为这些人居住在这个街道里，染上了街道的气息，只要熟悉这条街道，就会熟悉这些人。

"如果你长时间地看着这张照片，在心里就好像能听见胡桃夹子正在夹碎坚果的碎裂声，清脆的碎裂声，听进去就能感受到它的痛苦，然后，你才能闻到里面淡黄色果仁的芳香。"

——《湖南路：戴西一生中最长的一天》

淡黄色果仁的芳香化成视觉上的停留，来到湖南路口，梧桐树夹着路口，相对于五原路来说不多的车子，显得清爽而温暖。我知道走到淮海路，身边的声音就会嘈杂起来，身边的人就会躲起来，也是要跟书中的宁静告别的时候。

跟着书，一个人来到这片永不拓宽的街道漫步，是一种特别的享受，也正是因为生活在繁忙而拥挤的上海的正面里，这些永不拓宽的街道就像是上海的书脊，虽然窄，但是一语道破上海的本质和名字，和繁忙相比显得弥足珍贵。

《永不拓宽的街道》读后感

朱静宜

100416

你会恍惚间发觉,这才是最平凡的大众生活的环境,在最远离歌舞升平的地方,竟还有人在做着黄粱美梦。你会忍不住开始联想,这片高楼背后的土地,曾经也是生气勃勃,曾经也热火朝天地为祖国做着贡献。你又会禁不住去想,到底是摩天楼蚕食着人们生活的土地,还是在时间的胁迫下,老弄堂逆来顺受地给新时代让位?

作为一个外乡人,我最初接触的是那个被包装得光鲜亮丽,站在舞台正中央,接受万众惊羡与称赞的上海。上海在我心中的形象一直是这样的:幢幢冰冷的摩天大楼似乎从虚空中就生长了出来,直指云霄;耀眼的霓虹灯和橱窗点亮了黑夜,人们在灯红酒绿中逐渐迷失了时间;城市的各个角落都是朝气蓬勃的年轻人,他们总在微笑着,因为对他们而言,上海并不只是一座城市,它还是机遇,是明天的幸福。这种印象是那样的根深蒂固,以至于在我刚开始身临上海时,它仍然是现代、摩登、繁荣与活力的代名词,那一百年的历史也无非是一张已经退晕的背景,是可以平衡掉水泥森林的灰暗的一抹昏黄。然而当我走进那些光鲜的街道背面时,当我看到晾衣杆上一面面生活的旗子时,当我的手指掠过那些依然破败但仍骄傲昂着头的洋房的墙面时,当我默默走过弄堂口谈笑风生的大叔们和他们的小凳子们时,我才意识到,我从来没有懂过这座城市,没有懂过她养育的人们,更何谈懂过她的骄傲与悲哀。几年中一次又一次的走街串巷才让我渐渐明白,我所喜爱着的,并不是繁华的商业街上那个年轻靓丽的上海,而是那个坐在弄堂口,喋喋不休地讲着自己过去是多么了不起的老去的上海。

"从平安电影院到凯司令咖啡馆,现在有了三幢笔直的摩天楼。相比凯司令,它们虽然又新又突兀,但却是非常地道的上海。上海从来就是一个敢在街道上无所顾忌地呈现各种建筑的城市,他从来没时间

和雅兴将自己规划得雅致一些。它一直是一个没有节制的人，一旦有钱，不怕把自己撑死。到了没钱的时候，就勇于当一个败家子，不管怎样的建筑，都能以它看来合理的角度和可以同情的理由并肩'站'在同一个街区里。"

没有经历过上海的人，无从体会何为又正经又突兀又地道，无法理解作为规规矩矩的国际大都市的上海哪里有无所顾忌。亲身在上海的各个角落走过才知道，无论如何不能相信各种宣传画册上描绘的就是真正的上海。宣传画册上画的是东方明珠，是金茂大厦，是富丽堂皇的老洋房，上海也确实是充斥着那种所谓的标志性建筑，在大众眼里，它们是财富与摩登，辉煌的历史与充满生机的今天的象征。但偶然坐

上地铁四号线、八号线，车子带你向远离市中心的地方开去，当车厢一瞬间从地下钻出、暴露在不甚新鲜的空气中时，你会突然意识到，原来在上海，在那些明亮得耀眼的玻璃幕墙背后，还有那么多斑驳的老里弄和破败的旧厂房，卑微地在夹缝中艰难求生，苟延残喘。你会恍惚间发觉，这才是最平凡的大众生活的环境，在最远离歌舞升平的地方，竟还有人在做着黄粱美梦。你会忍不住开始联想，这片高楼背后的土地，曾经也是生气勃勃，曾经也热火朝天地为祖国做着贡献。你又会禁不住去想，到底是摩天楼蚕食着人们生活的土地，还是在时间的胁迫下，老弄堂逆来顺受地给新时代让位？

只是发展不会停息，怕是还未及想明

白这些问题，又一幢大楼已直冲云霄。只是城市也有人一般的无奈，怕是大梦还未醒，就要被推搡着抓紧向前走。我们无法评价今天我们所生活的时代，因为它的瞬息万变，也因为我们面对发展大潮时的苍白无力。但我们至少可以选择做一个谦卑的体验者。面对着这片城市的疮痍，将它看作贫民窟之外的东西，这里才是这座城市今日与未来的原点，是真正的生活的原点。

"他们从来不是单纯的人，他们眼界既开阔又闭塞，对变化既有强大的承受能力，又挑剔一切变化，他们心中层层堆积着骄傲、自卑和被排斥的苦恼与不甘，对奇迹的渴望与投机的本能。在20世纪50年代以后朴素乡村方式的碱水里被狠狠洗刷过后，却仍带有经历了最痛苦的磨炼后形成的市民风格。"

到了上海以后才知道，"吹牛"也是生活的重要部分。犹记得曾经不解却十分耐心地听街头大叔讲他是多喜欢在街上和老朋友吹吹牛，恍惚间又记起看到街边巷口三五成群的大叔大妈高谈阔论，想必也就是所说的吹牛了。大概多数外地人对上海人是有成见的，一来是因为那种事无巨细的精明，二来大概就是那种骨子里的骄傲与言语间不经意透出的吹牛的口气吧。想来这种性格也是与生活环境息息相关。无论是曾经的十里洋场，还是今天的灯火辉煌，都是骄傲自豪的资本，然而无论是彼时还是今日，奢华显赫的生活永远只属于少数人，最广大的市井人家，也还是只能与柴米油盐为伴，虽然心中丢不掉的是几辈人积累下来的由衷的自豪。

并没有去我身边的上海同学家里做过客，在我看来，我们这个年纪所经历过的家庭生活，无论地域，皆是一种全球大同的统一模式，无非我们吃了不同的早餐，住了不一样的房子；而那些我接触过的年逾花甲的大爷大妈们所拥有的，才是我心中真正的上海生活。他们赶上了老上海的末班车，浸淫在老上海气息中长大，又搭上了改革开放的早班车，见证了一些东西兴盛起来，一些东西却衰落下去。我常想，如果是我，生活在这样一种环境中，身边的一砖一瓦向我讲述过去的人和事，我也会时常找个人聊聊天、吹吹牛吧。我的眼前会不断走过步履匆匆的年轻人，他们西装革履，口袋里装着我曾经拥有但被生活打磨的不敢奢望的梦想，但我至少还有慢慢的旧日的骄傲，和他们无法享受的巷口街角的阳光。

"对上海身份的不同看法，如同人们对一个欧亚混血儿的看法相似。欧洲人看他，一眼看出更多的亚洲人的细节。而亚洲人看他，活生生就是一个欧洲人。各自都是不错的，只是因为混血儿带来的模糊性，让人有可能如此为他的身份争论不休。也正如欧亚混血儿通常会遇到的身份危机那样，上海的内心也充满了对于归宿的冲突与不甘。他常常不知道自己到底属于谁，应该属于谁，感情上又倾向于属于谁。这个含混的身份意识在被西方征服过的愤怒中国的背景下简直触目惊心，它是上海的原罪：一个在东方文明古国学童不纯的原罪。"

我猜想上海自己也生活在矛盾中。一方面，她拥有独特的历史带来独特的性格，虽然这历史让她时常觉得红字挂在胸前；另一方面，她要发展上进，她不能落在人后，这意味着她要摸爬滚打，不时要躲闪开周围投来的敌意的目光，一不小心还要背负数典忘祖的恶名。她把自己打扮得闪亮动人，但私下里，她也时常想起自己过去的样子，虽然有诸多不妥之处，却更有专属于自己的风韵。于我而言，我不知道该用怎样的客观标准去评判这两种状态，只知道自己对这种矛盾的状态也有态度的转变。我嘲笑过城隍庙不中不洋，嫌恶过陆家嘴冰冷的钢筋混凝土森林。然后，慢慢地我知道，这些所谓的冲突与模糊，不过是生活的表皮、谋生的行当，或者说，是一种场面。真正的上海生活，还是东方的，中国的，只是它隐藏得那么深，深到你远远望它一眼却不会再走近，只是它那么脆弱，一不小心就要承受推土机的欺凌，被城市集装箱踩在脚下。当我第一次走进一条真正用来生活的街道时，闻到的不是名牌香水而是柴米油盐的味道，看到的不是霓裳羽衣而是围裙套袖，那时，我竟有了一种回家了的感觉，大抵在对家与对生活的体味上各地的人都有相似的感受，尽管具体的场景会不尽相同。上海真的有原罪吗？我觉得不尽然。那些许的西方气质，其实早就在百年的荡涤之中，被同化成了上海气质、东方气质。

"他们的十点钟是人家的十一点。他们唱歌唱走了板，跟不上生命的胡琴。"突然想起《倾城之恋》里张爱玲如是说。也突然想起那么几个上午，在那么几条甚至记不住名字的小街道上，房子是极老的里弄住宅，墙与窗都剥落了旧日的颜色，本就狭窄的巷子里挤满了摆摊买菜的人，挤满了来买早餐的人，空气里混杂的是烙饼的油香和不绝于耳的吆喝声。我记起，我心中的上海有那么一个高楼林立的形象，也有这么一个一边渐渐褪色，又一边生长出生机的形象。我想，我更喜欢后者。

5 街道的美学

［日］芦原义信

译 尹培桐

百花文艺出版社，2006 年 6 月

　　时代不断在变化。20 世纪初由功能主义所代表的现代建筑的明朗方向已经丧失，我们时代的建筑正陷于混沌之中，应当向何处去，谁也不能做出明确回答。作者认为，勒·柯布西耶和奥斯卡·尼迈耶的时代似乎已经悄然过去，今天正在从大跨度和悬挑技术时代，向着以人为中心的新地方主义时代过渡。

　　作者认为在勒·柯布西耶的作品中无论如何也看不到人情味，他的作品存在着以形式美为出发点的美学观点，其中甚至连人的存在都否定了。作者提倡"街道的美学"，从根本上是为了人的，是肯定人的存在的。当我们认清自己的自然风土，创造有人情味的街道时，至少应看清方向，读者若能理解这一强烈愿望，作者将不胜荣幸。

五感俱全的街道

5 街道的美学

朱丽文

070554

仍然记得莫天伟老师上建筑第一课时问及，做建筑什么最重要，给出的答案是"人"。再则芦原义信先生也在本书中多次强调建筑和街道一定程度上要体现国家的文化底蕴，更要立足于人。"街道的美学"必定是富于人情味的，以人为本的美学。

在开始叙述之前，放上一张在婺源写生时拍摄的照片。弯曲狭窄的小街两旁林立着高高低低的民居，零散穿插着错落的绿植和麦苗，或崭新或斑驳的白墙间次出现的扎眼的红砖墙、木窗……这样的街道恐怕并不符合芦原义信先生对街道美的解读。然而就是在一条条蜿蜒交错、崎岖起伏的小径上，在两侧粉墙黛瓦笔挺的街巷中，在麦苗夹杂着泥土混合着梅干菜的奇特香味里，在孩子们追着自行车嬉笑打闹、欢天喜地的叫喊声中，在粉墙之内寻着孩子们的笑闹走出家门的老太太观望的眼光里，街道不再是单纯连接和分隔住宅的功能性场所，也不再是独立于宅与宅之外的孤立体系。街道的美在于人们参与其中，阡陌交通，其间的活动让这个街道所能辐射的空间充满积极的氛围。我想，并非那些过多拘泥于形式上的审美，而是这样更多从人行的角度出发，充满活力地让其间的人能够参与其中，得到五感俱全的体验，使行人能够神采奕奕地行走的街道，可谓是美的。仍然记得莫天伟老师上建筑第一课时问及，做建筑什么最重要，给出的答案是"人"。再则芦原义信先生也在本书中多次强调建筑和街道一定程度上要体现国家的文化底蕴，更要立足于人。"街道的美学"必定是富于人情味的，以人为本的美学。建筑、街道乃至城市的使用在相当意义上体现了各个民族的内在风土文化。东方人自古以来的大家族制度，体现在门禁社区和内向性的庭院，那些晓风流水明月时"庭院深深深几许"的意境拿捏是西

Jude.
@84. Nanjin

朱丽文

方无可比拟的。而对公共空间的外化长期以来作为文化被传承；相较之西方文化中的开放性社区和空间，对公共空间内化的归属感已成为基因之内的现象被传承。如今，纵使建筑、街道的形式发生改变，但已然积淀在各地社会文化中的精神本质仍不会改变。因此，我认为城市、街道的设计者必须对当地风土深刻理解，给予街道合理的、有利的物质条件和适当的积极元素的引导和控制。街道的美是在使用者与街道的长期共同需要和思想变革中磨合形成街道自身的规则，让街道以自然生长和发展而来的强大的方式自我代谢。

我的家乡在贵州，山峦起伏的喀斯特地貌纵然使得这里欠发展，欠发达，却因为少数民族人口众多形成了很多迷人的少数民族村落。石板镇、吊脚楼，建筑材料都取自当地的富足资源，在层层叠叠的山坡上，那些仅用层积岩交叠垒砌的墙面和屋面，那些青瓦下统一的木门木窗。一个个村落与自然环境融合成为整体，我说它毫不像人工，而是与自然浑然天成也不为过吧。

临河的广场是公共活动的场地，山坡本没有路，因为新建筑的建造而街道成了建筑之间的走道，整个村子以首领的住所为中心向四周层层铺开，沿着每条街道都能来到河边的广场河和主干道，而每一条街道都能给我不同的体验，欣赏不同的景致。吊脚楼的开敞让家家户户形成了共同监视的安全感，稻香、鱼香在整座山头弥漫，夜晚的星火让千家住户如夜空般璀璨。整个村落像一个大建筑，街道被内化，这是村民在自然的生息中共同智慧的结晶。

再者平遥古城。城墙内的街道横平竖直，北方的古城秩序感更强。

建筑和街道近乎融于一体，统一的灰色调。区别于南方的灵活形式，这里垂直布置的街道，方向感极强。同时，由于气候和文化的原因，建筑之间不再是开敞的，而是由规律统一的砖砌建筑。

出于传统的因素、生活的需要等，很自然地在平遥形成了内院式的小型公共空间，提供了晾晒衣被、孩子们玩耍、老年人们纳凉聊天的积极空间。院内的空间相对独立，用芦原义信先生的话说是形成了"图形"的小型阴角空间，但朝向街道开门，又因此绝不缺乏院内外的交流。街道大都用于非机动车行和人行，街道宽敞舒适，

由于两边建筑形式和街道形成砖石的整体，院子里的狗吠声声相闻，都能给人稳定安全的感受。出于社交、工作、社会活动等等的需求，街道的活力仍然很好地保持着。那都是能多么深刻地留在记忆中美好的街道体验啊！

在传统的村落和民居古镇中我们能看到太多五感俱全的街道实例。我认为很多成功的经验和元素在适当的情况下是可以提炼而融入现代化城市的街道设计中的。在现代化的城市，车水马龙，华盖云集，影响街道质量的变量更多更复杂，色彩光斑让人目不暇接。但为了创造提高人们参与度、舒适度的街道，仍然有很多引导与控制的设计方法。

首先，如芦原义信先生所讨论的富于人情味的可塑性较强的街道，一定是承担

着重要社会责任的。在现代化城市交通的语境下，必须建立在适当的交通规划和合理的路网结构下。例如西安和北京，由于车行为主的道路和人行为主的道路重合而使街道过于混乱。因此，在规划设计时从人的角度出发，重视人行的街道是最基本的要求。

其次，成功的街道应有适当的居住模式为保证，且在步行可达的范围内设置生活所需的各类齐全的功能。居住功能单一会在很大程度上削减街道的吸引力，内闭的建筑内部提供了单独完成活动的可能，人们对公共空间的需求和使用当然会大大减少。当然，不容置疑的社交、生活所需品的采购等等是人们日常生活的共同需求，所以如果在步行可到达的范围内设置了种类齐全的功能性空间，那么人们对步行的选择，对街道和公共空间的需求和交往的可能性必定会在潜移默化中增加。往来间点头微笑，交往攀谈，让街道真正成为生活中不可或缺的有归属感的纽带，充满活力的空间。

最后，我想就是街道空间的设计布置了。作为学习建筑的学生，多埋头于单体建筑本身。当我们换个视角，建筑的外立面便成为了街道内立面的一部分。此时，街道不再是游离在建筑之间可有可无的部分，转而成为设计的主体。试想，我该如何处理？让沿街的建筑保持适当和谐的尺度与色彩材质；街道设置有活动内核的小公园、小广场一类视线开阔，能提供舒适滞留和活动的阴角空间；沿街种植色调和谐，提供遮蔽的绿化、座椅、路灯和行道树，让街道成为无论昼夜都可以舒心存在的空间；取消那些不适合人的尺度的大草坪、大马路，为城市记忆保留那些能形成城市形象的有特色的历史风貌街区；让艺术家和市民共同互动为城市街道创造属于自己的城市文化小品。

如黑格尔所说，"美就是理念的感性显现"。他所说的理念是最高精神和最高的真实存在。

当人们不再害怕街道，远离街道，而是开始愉悦地使用街道；当人们不再迫不及待地关门回家，而是愿意敞开门窗，急切地向街道观望；当人们不再行色匆匆地穿梭，而是愿意欢悦地徜徉在街道、广场，那么我们离那个五感俱全的街道时代就不再遥远了。

记忆中的街道

张弛

090308

我想，要了解一个城市真正的性情如何，最简便的方法莫过于去走走它的大小街道，因为街道是一个城市最生动的表情，它包含了市民最原生态的生活情态。在我去过的那些城市中，有些给我留下了深刻印象，有些却是去过就忘，有些让我流连忘返，有些却让我再也不想去第二次。以前没有细细思考过这些差别，读了芦原义信和简·雅各布斯对街道的描述与分析，我想要从混沌的回忆中理出一条思绪，弄清楚那些差别到底代表着什么，其背后的原因又是什么。

芦原义信在《街道的美学》中专门有一节描述留下记忆的空间。在这一节中，他回忆了自己在东京四谷和南伊贺町附近长大的日子，谈到凯文·林奇与阿尔文·鲁卡肖克的著作《关于城市的儿时记忆》，并分析了日本与西欧城市形象的不同。在这一节的最后，他总结到："所谓外部空间的构成，就是让巨大的城市达到人的尺度，把'大空间'划分或还原成'小空间'，把空间充实得更富有人情味的技术……形成真正为了人的街道。我想，在城市里是能创造出使人深深留下记忆的空间的。"这一思想与简·雅各布斯在《美国大城市的死与生》中反复强调的要以人的真实生活体验作为城市规划的准则的观点极为契合。

我在安徽一个普通的小城市出生长大，在那生活了18年，来上海念大学也快满3年了，因为热爱旅行，在我21年多一点的人生历程中也算去过不少地方，长三角地区的城市算是都走了个遍，稍远一些的，也有重庆、青岛、天津、北京、厦门等等。当我回忆起在这些城市中的经历时，发现首先浮上脑海的不是各色旅游景点，不是琳琅满目的地方特产，而是那些最平凡的街道，那些最朴实的城市生活，还有那些性格迥异的城市居民。我想，要了解一个城市真正的性情如何，最简便的方法莫过于去走走它的大小街道，因为街道是一个城市最生动的表情，它包含了市民最原生态的生活情态。在我去过的那些城市中，有些给我留下了深刻印象，有些却是去过就忘；有些让我流连忘返，有些却让我再也不想去第二次。以前没有细细思考过这些差别，读了芦原义信和简·雅各布斯对街

道的描述与分析，我想要从混沌的回忆中理出一条思绪，弄清楚那些差别到底代表着什么，其背后的原因又是什么。

先从给我留下最深印象的城市说起吧，那自然是我的家乡。我住了13年的地方是一个老式的住宅小区，全开放式，内与外是不分的，城市街道就是小区道路，人行道与车行道的界限十分模糊，有时道路对人们来说就是一块稍大的空地而已。很多的小商铺，如早点铺、理发店、水果店、杂货店等等也都拥挤在小区主干道两旁，每到上下班时间，那里就会堵得水泄不通，人直接在被堵得开不快的车之间穿行，车也恨不得开上马路牙子好尽快出去。这样的老式小区与那些有着大面积绿化、整齐道路、高高围墙的新式小区有着截然不同的气质，后者是城市规划者与地产开发者比较偏爱的，如今也正大量出现在城市中。

乍看之下似乎整洁的新式小区是明显优于略显混乱的老式小区的，人们也应该更愿意住在优雅的环境中，然而实际情况是我家所在的老式小区是我们城市最受欢迎的住宅小区之一，从早到晚人气都非常高，甚至附近住宅小区的居民都会来这里买早饭、锻炼。我本人也非常喜欢在小区里溜达，虽然晚上小区里的路灯非常昏暗，我也敢一个人在路上走，因为道路两边紧挨着住宅楼，面向道路开窗，楼梯也是直接面向道路，不论多晚，总是会有一两扇窗子亮着灯，给人一种安全感，而事实上这个小区也是几乎没出现过犯罪行为的。

与之形成鲜明对比的是一个紧挨着这个老式小区的一个半新式小区，说它是半新式是因为它对城市街道是半开放的，小区的住宅部分与一个下沉式广场之间用城市街道隔开，街道两头虽然有竖杆阻止车

行，但是对人行没有影响，任何人都可以穿行，住宅与道路之间有绿化带相隔，住宅楼也是垂直于道路排列，面向道路的立面没有开窗。也就是说人对街道的视线是被阻隔的，街道的另一边又是没有夜间照明的下沉式广场，所以夜晚在这条街道行走安全是得不到保障的，曾经发生过一群不良少年劫掠下晚自习少女的犯罪行为。芦原义信在谈到城市中广场及公园的设置时提出了"密接原理"，即城市公园应与城市道路融为一体，不应对道路封闭或采用绿化进行视线的遮挡，这样方便人们进入公园的同时也保证了公园夜间的安全。然而上文提到的下沉式广场虽完全按照"密接原理"进行设置，可夜间人们的安全仍然得不到保障。我想，街道毕竟是无法保证一直有行人的，真正可以起到街道安全监视作用的应是街道两旁的居民，但这个的前提是住宅对街道有足够的视线接触，如若采用绿化带遮挡或根本不面向街道开窗，那么监视也就无从谈起。

关于如何保障街道安全，简·雅各布斯提出了三个条件：首先，在公共空间与私人空间之间必须要界线分明，不能像郊区的住宅区那样混在一起。第二，必须要有一些眼睛盯着街道。这些眼睛属于我们称为街道的天然居住者。街边的楼房具有应付陌生人、确保居民以及陌生人安全的任务，它们必须面向街面，不能背向街面，使街道失去保护的眼睛。第三，人行道上必须总有行人，这样既可以增添看着街面的眼睛的数量，也可以吸引更多的人从楼里往街上看。没有人会喜欢看空荡荡的大街。几乎没有人会那么做，相反，很多人常常会通过观看街上的活动自娱自乐。

关于前两个条件我完全赞同，但是对

第三个条件我存有疑虑，要如何保证人行道上总有行人呢？简·雅各布斯提出的是要沿街布置足够多的商业点和其他公共场所，尤其是晚上或夜间开放的一些商店和酒吧。然而对于面向街道居住的居民来说，酒吧这类商业设施在夜间应该是一个噪音点，干扰居民休息。而二十四小时开放的商店在一些小城市更是难以实现，因为它从中获得的利润根本不足以支付成本。大城市与小城市还是有着本质性的不同的，我想，在像我家乡那样的小城市中，保障行人安全最重要的还是紧密的市民关系以及对街道监视自觉应承担的责任感。芦原义信提出的在小区内设置焚火处的想法很有意思，可以聚集居民自发形成一些公共活动，在交往的过程中互相之间的信任感与责任感也会增强。然而当今社会发生的如小悦悦事件、老人假摔等让人不禁对人与人之间应有的为陌生人承担些许义务的责任感十分失望……这牵涉到一个宏观的命题，这里也就不详述了。

前文提到老式小区中人车的混行，芦原义信也提到过荷兰的"旺奈弗"体系住宅区，在这样的住宅区中，入口处的路面会做出许多凸起，使汽车到此不得不减速。道路没有人车之分，没有高差。汽车乍一进来会以为开进了铺装讲究的广场，这样反而会小心翼翼地驾驶。孩子们可以自由地在这些道路上玩耍。而具有这种体系的住宅区的规模：因为人们与距私宅500m范围内的居民会有一体感，所以从地区周围干道至旺奈弗内的最远点最好不要超过500m。

我所居住的小区中完全没有上述旺奈弗为限制车行做出的种种措施，地面没有凸起，甚至没有减速带，也完全没有铺装，然而却达到了与旺奈弗一样的效果。它所做的只是将人行道与车行道连在了一起，并将人行道扩宽成为一种空地，人们可以在上面进行各种活动。试问，当司机看到没有人、车行之分，且路面上有很多行人时，他还敢开快吗？而且经常出入小区的人对这种情况也已习以为常，司机都知道在这个小区里是不可能开快的。

芦原义信着重提出过内外秩序的渗透，即居住这一私用的内部秩序与街道这一公共的外部秩序的渗透。形成这种渗透最重要的就是围墙的取消。我家最早住在一楼，门前门后都有一个小院，但是门前的小院是没有围墙的，相当于一块公共绿地，门后的是有围墙的，是我家私有的小院。我记得我小时候最喜欢的就是搬把小椅子坐在门前的小院里，看着人来人往，蜂飞蝶舞，一坐就是一个下午。在那个小院里我还让毛虫扎了手，至今印象深刻。但是门后那个有围墙的小院相较下就显得空旷无聊，如今我对它也没什么印象留存。搬家后我家就没有了小院，但是到我家必须要穿过的一条街道两旁的住宅是有小院的，而且没有围墙，小院的主人在里面种了各种蔬菜、果树还有鲜花，俨然城市中的农家小院。经常有很多半大孩子在那里聚会游戏，仔细地研究草地里的昆虫和树上的果子。而到了晚上，虽然那条街道上完全没有路灯，但是人走在路上不觉得害怕，因为街道与两旁的住宅是没有隔离的，遇到危险你可以大声呼救或直接穿过小院去拍居民的门。这与有围墙的小院带来的感受是完全不同的。从这可以看出内外秩序的渗透非常重要，它不仅为路人，也为居民带来了好处。

再来说说上海。来上海近3年了，有两条街道让我记忆深刻。一条是同济大学南边的赤峰路，一条是周家嘴路。赤峰路非常热闹，从早到晚都是熙熙攘攘，有各种小商店、小摊贩，还有 24 小时开门的全家便利店。路上的行人也很多，晚上还有很多学生出来吃宵夜。在赤峰路上走的时候我可以明显感到城市生活的活力，而且也不会觉得不安全。相较之下，周家嘴路就显得十分恐怖，大概晚上七八点的时候就几乎没有行人走在路上，道路两旁也都是黑漆漆的，很少有商店、饭店之类的商业设施，偶尔还有飙车族轰鸣着从路上开过，在这条路上走时我一直在担心会遇到危险，步伐也不由得加快了许多。

造成我不同的心理感受的原因是什么呢？首先，赤峰路的道路宽度要比周家嘴路小得多，一个是双车道，一个是四车道。虽然它们的人行道宽度是差不多的，但是过宽的马路让人与对面的行人及建筑有种隔离感，其相互影响自然也十分淡薄。其次，周家嘴路缺少商业。这点十分致命，没有人会想走在一条两边都是围墙的路上，这样的一条路晚上没有行人，两旁又没有监视街道的眼睛，简直就是犯罪的天然温床。同样是赤峰路，我就更愿意走在同济大学对面的人行道上，因为那里有商店，有明亮的灯光，而靠近同济大学一侧的则是黑漆漆的操场，任何人都不会愿意走在黑暗里。

最后我想说说至今为止我最喜欢的城市——宁波。宁波应该算是一个三线城市，经济、公共设施等等都没有上海发达，但是它有上海所没有的城市的人情味。宁波的街道很普通，是大部分中小城市街道的那种样子：有行道树，街道两旁有一些小商店和小饭店，也没有什么非常高的大厦，但建筑高度与街道宽度的比值让人很舒服。宁波也算是三线城市中发展得比较

好的，没有一般小城市的脏乱，街面明亮整洁，隐隐有发展成大城市的趋势，但又没有大城市的疏离冷漠。而宁波人也是我见过待外地人最亲切的，我自己在公交车站牌下徘徊不定的时候就会有人主动问我要去什么地方，然后把路线详细地告诉我，这些都让人感到城市生活的温暖，以及由此生发出的对陌生人的温情，而这种温情是可以传递的。简·雅各布斯提到美国的城市规划者一度喜爱的隔离式住宅区，那里的居民就像生活在一个孤岛，为了保护自身安全而拒绝与外界的一切交流，这样的小区对陌生人自然也是极不友善的。其实扩大一点说，这样的小区会成为一个城市乃至一个国家的缩影，一个抗拒陌生人的国家会有发展前途吗？清朝的闭关锁国已经给了我们足够清楚的答案。而且，其实人大部分时间都是以外来者的身份在生活，总不可能一直待在家门附近吧，而只要稍微走得远一点，对于那里的居民你就是一个外来者。居民对陌生人的敌意也会导致陌生人对居民的敌意，一个抗拒外来者的城市不是将自己变得更安全，而是更危险。这让我想起一次去黄山脚下的经历，坐当地的公交车，车脏脏破破的，公交车上坐着许多当地的农民，衣着也十分简陋，我和同学相较之下显得十分格格不入。但是一上车我就感觉到车上的人对我们都投来了友善而好奇的目光，说了我们要在哪下车后，有人就主动告诉了我们最近的站点。特别是当公交车穿过山脚下的一个小村子时，司机会主动地在该下车的人家门口停，而不是在站点停，当那个人忘记下车时，旁边的乘客和司机还会提醒他，调侃着他年纪大了记性差，整个车的氛围非常温暖，让我至今难以忘怀。

对于当代城市中的"半公共性"的探讨

刘晓宇

100310

5 街道的美学

生活在四合院里的居民们把这个空间定义为介于院里的私人空间和行车的马路之间的一个过渡空间，也可以说是 semi-public space。生活在四合院里的百姓们利用一切可以利用的局促的街道角落，端出椅子纳凉、下棋、喝茶或者聊天。四合院中生活的人们对胡同生活同样具有高度的认同感，即便没有建筑外立面的帮助，街道仍然洋溢着井然的内部秩序。可能这种中国人"内外兼修"还没有被日本理解。

公共空间和私密空间都是比较容易定义的，而介于两者之中的半公共或者说半私密空间通常难以界定，并且争议较多。以前就对这个问题有过思考，读过《街道的美学》这本书后，又产生了一些想法。

首先需要问这样一个问题：除了绝对公共和绝对私密空间外有没有其他定义的空间？我认为是存在的。但是在我们的城市中却很难找到这类空间，尤其是在中国，街道活力极其缺乏。究其原因，我认为有两个。

首先，空间的气氛、使用取决于人对空间的认同感，或者是归属感。依照芦原义信先生的观点，东方人习惯把家，或者说建筑本身看成"内"，而把建筑的外部环境看成"外"；而西欧人则习惯将二者统一起来。这也就决定了在西欧国家街道抑或广场的设计充斥着室外环境室内化的手法，内部的秩序已然渗透到了外部秩序之中，建筑的外墙也不仅仅是简单的围墙，而承担着"内"与"外"相互沟通的责任，从而使生活的气息能自由地洋溢到街道上。而对于东方人来讲，"家"的概念非常强大，以至于"外部"的概念也就相对明确。对于领地的占有和领地以外的区域的心理分割也就很明显，所以城市中自发形成的（或者说是设计师往往忘记的）半公共空间也就很少。

另外提到《街道的美学》，就不得不提到"阴角"空间。街道中的"阴角"空间，就是介于广场的全开放和建筑内部的封闭之间存在的半公共空间。在建筑的外部空

间中,"阳角"空间是很容易创造的,相对的,从街道与建筑的关系来说,"阴角"空间却通常很难成立。尤其是对于相对中国、日本这样对建筑外部空间约束交叉的国家而言,对外部空间没有赋予"图形"特性,是造成这种现象的主要原因。在当下城市规划及建筑规范限制下,中国的街区通常是在整个区域星罗棋布了较为规律的街道,将建筑进行分区,由于住宅朝向规范限制,在每个居住区内沿一定距离放置"板楼"。假使在这个区域中去掉任何一个建筑,其留下的建筑围成的外部空间仍然不能形成"阴角"城市空间。这是因为该空间最重要的四角均有道路通过,重要的转角因道路而或缺了,不能形成由建筑外墙直接围合的城市空间。

那么长久以来的这种格局是不是就足够了?城市生活是不是不需要半公共空间?

现在当代建筑界也对此也有一定争论。日本当代建筑师坂本一成的目标就是鼓励城市消除这类空间,原因是对于这种一部分人使用的空间控制力不好掌控。他认为如果一个空间是一类人使用的,那么其他人进来后对于这类人来讲有一种领地侵犯的抵触感,而其他人也不好使用,时间长了,这块地就偏离最开始的意义。原始部落是通过血缘关系来限定空间有足够理由,而现代人之间的牵绊不够,不足以限定。

我认为不是这样的。从人的心理来讲,从在家里与亲人的亲密接触到在像广场一样全开放空间下与陌生人相处,人还需要另外空间来满足与较为熟识人的小范围社交，而私密和公共空间不能满足这种需求。但是根据塔式格心理学的原理，那种"阴角"空间要比转角或缺者更具封闭性，从而给人以安心亲切的感觉，能够很好地解决人在熟识层面的交往需求。

虽然上面讲到东方人对于外和内的界定比较明确，但中国与日本不同的是，尽管两国的传统性街道与内部空间的相互渗透被围墙所打断，但是中国的胡同仍不缺乏人文的生活气息。生活在四合院里的居民们把这个空间定义为介于院里的私人空间和行车的马路之间的一个过渡空间，也可以说是 semi-public space。生活在四合院里的百姓们利用一切可以利用的局促的街道角落，端出椅子纳凉、下棋、喝茶或者聊天。四合院中生活的人们对胡同生活同样具有高度的认同感，即便没有建筑外立面的帮助，街道仍然洋溢着井然的内部秩序。可能这种中国人"内外兼修"还没有被日本理解。但是从这个例子也可以看出，无论在哪儿，人们对于半公共空间的需求是被承认的。

所以我觉得，不管是在当代城市设计还是建筑设计中，应该通过这类空间来促进现代城市人之间的联系。实际上我在自己的专业课设计方案中就加入了这类空间。这是一个城市中菜场和住宅的综合体的设计。在有着中心花园的菜场之上，我放置的住宅是由菜场到一个入户广场，再入户。区别于周围的硬地，这块区域被铺上木质地板限定空间。围绕这块地有四到五户，这些居民可以在买菜回家之前，在此稍作停歇，与邻居聊聊家长里短，以形成一种"社区感"。对于非居民来讲虽然可以进去，但是可达性很差，因为如果不是自己家住在里面基本不会发现这块地。所以本质上这块地是公共的，但是会由围绕的几户人来使用。由此我认为回答了一部分坂本先生提到的限定问题。

从《街道的空间》一直杂谈到了我自己的设计，我想可以总结的是我们的城市街道中非常缺少半公共空间，但是从人的心理来讲，城市中的这类空间对于人的交往是必不可少的。如果能够找到办法解决半公共空间的限定这个难题，我们的街道空间会变得非常有意思。

与记忆相逢的场所

章于田

100535

而如今，现在的街道往往是背景式的，而非图像式的。这样的街道很难留在人们的记忆空间里。换句话说，街道在慢慢逝去，取而代之的只是一个具有通行功能的道路。没有大家饭后聚在一起的场景，道路越来越宽，只为了让车更好的通行，人们过马路也会有危险，只能走天桥、下地道。如今的城市是不是违背了以人为本的初衷，要是街道没有了生机，这个城市就会死气沉沉。

曾经听过一首曲子，是宋冬野的《安和桥》，虽然如今安和桥只是一条北京的小水沟，可能还有点发臭，但却是宋冬野小时候成长的地方，吉他的简单拨动总能勾起我自己儿时的记忆，带我回到天边，回到云端，回到我小时候成长的小弄堂。还记得刚学会自行车，和小伙伴比赛骑车，傍晚牵着父亲的手去小卖部买酱油，社区幼儿园放学时门外奶奶慈祥的笑脸。那是属于我的一段"原风景"。那是一个很温馨的场景，小小的弄堂是一个大家喜欢和在意的地方。

正如奥野健男在《文学中的原风景》中关于"原风景"的描述："从出生到七八岁，根据父母的家、游戏场以及亲友们的环境，在无意当中形成，并固定在深层意识之中。多年以后带着不可思议的留恋心情回想时，小时候不理解的那些风景或形象的意义会逐渐得到理解。换句话说他就像是灵魂的故乡"。这些有血有肉的原风景，之后往往成为了作品的出发点，潜移默化地影响了整个作品。

其实敏感的不仅仅是文人，当被问起儿时的印象，往往想到的不是一个家的整体印象，而是某人在某个场所的记忆，就像芦原义信在东京大学的调查，25%的大学生儿时的记忆同爬树有关。而街道，作为一个与建筑、植物、人甚至与铺地、小店的招牌等相逢的场所，更是承担了记忆中"原风景"场所的功能。还记得在做住区调研时，走在鞍山四村外的街道上，有几个退休的老爷爷坐在路边，街道脏了会打扫，

东西坏了会修缮，这一点一滴的行为就构成了很多回忆，让我很触动。这就是街道的图像，也是真正留在记忆里的出发点。

而如今，现在的街道往往是背景式的，而非图像式的。这样的街道很难留在人们的记忆空间里。换句话说，街道在慢慢逝去，取而代之的只是一个具有通行功能的道路。没有大家饭后聚在一起的场景，道路越来越宽，只为了让车更好地通行，人们过马路也会有危险，只能走天桥、下地道。如今的城市是不是违背了以人为本的初衷，要是街道没有了生机，这个城市就会死气沉沉。

芦原义信先生提起，日本的街道缺乏图像式的街景，是因为日本街道在建筑外墙那样的"第一次轮廓线"，由墙面突出物构成的"第二次轮廓线"很多，导致决定街道的轮廓线不清晰。虽然中国和日本国情不同，但从东方文化角度看，两者具有很大的相似性。意大利空间是"图像"式的，建筑内部的秩序渗透到街道的外部秩序中，人们在街道里站着聊天、纳凉、做针线活。其实，并不是只有守着街道的贴线率，才能让其充满人情味。合适的尺度，有让人停留的场所，让人交谈的欲望，与快速通行的距离与绿化设置。种种的一切都能让街道再次成为人们心中的"原风景"。

或许，当我们的楼不再是简单的钢筋混凝土，当建筑的外挂石材没那么千篇一律，当街道的铺地有着当地的风情，这样的街道能让我们更舒服点。其实所有的新风景里都是原风景，因为记忆，我们渴望听过的声音。

故乡的原风景

丁思岑

1150272

街道给人的总体印象来源于它的高宽比，上海传统里弄的支弄 $D/H<0.5$，是一种带有紧迫感的尺度，私密性没有太多保证，然而这样的尺度中产生了邻里间亲密的关系，大妈们只要拿一竹椅到自家门口一坐就能与对门的大妈聊家常，做菜的香味可以传到好几家人家，有什么要帮忙的只要在窗口打声招呼就能解决。也许是这样紧迫的尺度逼着人们打破许多隔阂，在一处洗菜打水就一定会有交流。

"这些作家心目中的'原风景'不是旅游者所看到的自然风土或景色，而是充满感情色彩的风景。"

——《街道的美学》

城市街道承载了人们对一个城市、一段历史的记忆，因此人们来到一处街道，吸引他们的并不仅仅是旧建筑这些物质实体本身，他们想象过去街道上发生的故事，自己是故事情节中的某个人，试图透过现存的建筑捕捉残存的记忆。尤其对于那些回到街道来寻找童年回忆的人，他们来寻找故乡的原风景。不如说街道是记忆和情感的容器。是什么影响了人们对街道的记忆？

作者用简单的语言把街道分析的深层原理生动清晰地表达出来。存留在人们记忆中的街道片段往往是贴近人体尺度的内容，因为人是空间的主角和体验者。街道给人的总体印象来源于它的高宽比，上海传统里弄的支弄 $D/H<0.5$，是一种带有紧迫感的尺度，私密性没有太多保证，然而这样的尺度产生了邻里间亲密的关系，大妈们只要拿一竹椅到自家门口一坐就能与对门的大妈聊家常，做菜的香味可以传到好几家人家，有什么要帮忙的只要在窗口打声招呼就能解决。也许是这样紧迫的尺度逼着人们打破许多隔阂，在一处洗菜打水就一定会有交流。

当我去考察街道，在城市中徒步时，经过复兴公园，被吸引进去，那条道路的 D/H 约是 1.3，是非常怡人的尺度，也许在

这样的尺度中才会出现以下的场景：一边是一位大叔在吹萨克斯，曲目是《夜来香》，另一边是一对情侣在拍婚纱照，街上来来往往的人可以缓慢悠闲地踱步，或有驻足停留的，两旁的梧桐树荫恰好遮住了街道，街道上的一切好像毫无关系，但是在这个时刻，音乐、影像、行人如此自然地融合在一起，又好像互相影响着。

　　书中并不认同充满店面招牌的街道第二轮廓，似乎这影响了街道的美观。作为旅行者，我们可能会更多地关注到由建筑墙面形成的街道第一轮廓，但从一个城市人的角度，正是第二轮廓更多地影响了我们的生活。调查中遇到一个儿时住在南昌路、现在搬到浦东新区的老人，他回来第一个要找的是儿时经常去的那家在雁荡路

上的面馆。对于曾经到过这里的人来说，本是在欣赏这条街道的建筑风景，但看到一家排骨年糕店的招牌，顿时兴奋起来。多年过去，街道的第一轮廓没变，但从前的店面招牌不见了。于是人们由第一轮廓唤起记忆，从第二轮廓寻找生活。可能和作者的国籍有关系，日本是一个岛国，土地、资源少，但是有很大的利用率，日本人在小空间中能挖掘它最大的价值，从而把一方天地做到极致，正是因为如此，书中有关小空间的一章才写得尤为动人。里弄也是这样"螺丝壳里做道场"的地方，小空间的魅力在于它是"个人的、安静的、想象的"，像阁楼间的书房，又比如"亭子间"，亭子间这个词本让人联想到艰难的生活，冬冷夏热的环境，但可能正因为

它小，是在繁华热闹的环境里一个给人安定思考的空间，才会有亭子间文学的诞生。比起外部无人问津的所谓公共空间，人们渴望有一片可以自己随意布置的领地。里弄的前天井、北阳台，常用来布置花卉植物，形成有爱的景观。西南角的阳台常常被使用者用植物装点，可以随意布置，作为居住者，会很想拥有这样一片小小的领地吧。诸如此类的小空间多会做出从生存到生活的改变。人们的儿时记忆多是"铺装面、围墙、树木之类的东西"，这些最贴近人体尺度的东西是人们最容易感受到的。水门汀地板的温度，踩上去的声音，水滴在弹格路上的感觉，人们的记忆停留于材质给他们感官上的印象，不局限于视觉。所谓故乡的原风景，就是由这样片段式的故事和细节组成的。

我们想保留旧建筑，同样不是要保留建筑实体，而是试图还原或是能让人回忆起故乡的原风景，让它再现生活的气息、新的风采。若是保留实体却抹去了它所承载的记忆，那是虚假而引人唏嘘的保留。街道，是因与人的生活联系才有美感的。

以微见大的街道

鲍芳汀

1150255

有人走过的地方即成为街道，街道为人的生活方式所变化着。生活细节上的差别即可演化为截然不同的街道，而各地街道间细节的区分却又可能暗含着人文上的各种差异。依附于建筑和人的街道又能告诉你几乎所有的故事。即便读完了《街道的美学》，我们所认知的仍然是极少的一部分，何为街道的美学，仍然需要我们进一步实践探究。

引语：阅读一本建筑理论书，往往不是一件愉快的事情。复杂而晦涩的描述，夹杂着西文的句式痕迹，让本来就难以"言传"的理论知识更难"意会"。一句话常常要逐字逐句反复读上几遍，才能勉勉强强了解十之三四。因此翻开芦原义信这本《街道的美学》时，我是带着一种近乎朝圣般的崇敬之心的。然而它平白直叙的阐述方式和其中包含的丰富信息量，从第一行开始就让我着迷。

简直像是儿时所爱的科学图鉴，每读一章都有一种"原来如此"的满足感。芦原先生从"如何让日本的街道变得更美"出发，带着解决问题的态度，从理性认知与感性认知两方面，以对比的手法研究了日本与欧洲在建筑形式和街道的差别。字里行间体现的细致入微的观察力，让我自愧不如，受益颇深。街道这一将建筑串联在一起的空间形式，与人密切相关，也最真切地反应了人的生活方式。

一、内与外之分

第一节中所讨论的内与外，是建筑的根本。全书由此始，也围绕此展开。一般来说，有遮盖为室内，无遮盖为室外。但建筑空间并不是这么简单。

最近的设计课中，老师也与我讨论了这个问题。卧室在内还是在外？那么客厅呢？玄关呢？楼梯间呢？每当我将一个空间定义为"外"时，老师总能提出更"外"的空间来反驳我。当时我的理解是，"内"与"外"是一个相对的概念，没有绝对的"内

法国·武康·淮山路口 2013.11.01

外",只有"更内"和"更外"。芦原先生让我有了新的,或者说是更详尽的认识。

不同文化下的人们对"内"与"外"早就有自己的既定范围。以"家"为尺度,从换上拖鞋的一刻起,日本人进入了"内",从离开卧室门的一刻起,欧洲人就踏入了"外"。仅仅是穿不穿鞋这一动作变化,就能改变内外之分。以"城"为尺度,为了抵御严酷气候和外敌侵扰,欧洲人以厚重的城墙为内外分界,而靠山靠海的日本人并不为生计困扰,也就不需要厚重的墙来创造安全感,也就没有特别的"城内"与"城外"的概念。如果说我的初步理解是一种阶级式的、层次分明的分类方式,后者就是大包叠小包的分类方法,更为感性。

两种方式并不矛盾,但前者是可以人为设计的,后者却是既定的。就算是人为地加入内外变化,比如在起居室中加入内庭院,或者是在室外设骑楼,也无法改变它们在人们心理上的内外定义。研究文脉上的"内"与"外",而不仅仅是排布空间上相对的内外,是设计中的重要过程。

二、环境决定形式

为什么会有如上所说的内外之分?也许我们会讨论文化,讨论历史,但归根结底还是要回到环境的问题上。

"人类是居住的动物。"所有的建筑形式都与居住地密切相关。因为日本的夏季潮湿干燥,建筑的要点是通风、采光、排水,加上山中多木,于是日本人选取了坡顶的木构建筑。梁柱构造中的墙变成了受力中不必要的部分，仅仅起着维护作用，加上通风的要求，便成了推拉门这种可变的模式。夏天拉门常常打开着，以获得凉爽的室内气候，此时为了保证起居室的私密性，又不得不在建筑外围上围墙。为了除湿，建筑地板被架起，并且铺上干草制成的榻榻米。而精致且不方便清洗的榻榻米并不适合沾满泥土的鞋子踩在上面，因而人们选择进门脱换鞋子。床具、椅子也因为榻榻米的存在变得不必要，于是人们席地而坐。又因为人们席地而坐，室内空间的高度都跟着变低，与站着的人成为两个尺度空间。

一切都与自然气候有关，如此顺理成章，一环套一环密不可分。如果有人擅做主张，将日式拉门换成砖墙，那只能让人在夏天的时候为了墙面的凝水和散热问题苦恼不已。正因为这是适合这个地区的建筑形式，这一建筑形式就在这一地域流行开来，成为可辨识的建筑风格。

三、变化的内外

书中有关锡耶纳广场赛马日的描述让我感动不已。三面围着建筑，一面朝向街道，广场口立着 6m 为间距的石柱。平日里广场是漫步的区域，人们可以穿梭于游廊之间。对于建筑来说此时的广场是外部的空间。而当赛马日的时候，三面的建筑物又成为了最佳看台，广场成为了将人们聚集起来的内向空间，是内部的空间。文脉上的内外并没有被打破，这种变化仅仅源于人类的活动，以及空间自身所带有的可塑性。广场是向建筑开放的，建筑也是通过门窗、游廊向着广场开放的，这两者的质量相当，因此能完成转换。而这简直像是让这个广场以及围绕着的建筑活了起来，成为变化着的有生命的空间。

建造广场的人，并没有打算将它作为日后的赛马场，而这广场却完美地担当了赛马场的功能。这种是因为锡耶纳广场的设计并不是基于功能的，而是纯粹的空间的塑造。它不一定是任何一种功能空间，却也可以成为人们交流所需要的各种空间。这就是在大范围下的空间的内外可变性，这种可变性也可以成为我们自己设计中，为空间加彩、为场地带来活力的部分。

结语

有人走过的地方即成为街道，街道为人的生活方式所变化着。生活细节上的差别即可演化为截然不同的街道，而各地街道间细节的区分却又可能暗含着人文上的各种差异。依附于建筑和人的街道又能告诉你几乎所有的故事。即便读完了《街道的美学》，我们所认知的仍然是极少的一部分，何为街道的美学，仍然需要我们进一步实践探究。

里弄街道——由内向外包裹的空间

史纪

100367

街道的
美学

5

上海的里弄，从某种程度上来讲，是一种内部空间与外部空间的融合，再细致地观察，则会发现宅是从内向外包裹的空间。这里说的内外融合以及空间包裹，并不是主要指两部分的空间要素进行融合（当然，这些物质元素在某些程度上也会融合），而更多地是指两个不同的空间领域进行融合。

《街道的美学》一书体现了作者芦原义信以"外部空间设计"为中心的建筑美学思想。作者认为，所谓建筑也就是创造边界，区分"内部"与"外部"的技术。欧洲与日本对待内外有着不同的观念，也就形成了不同的城市形象。日本的建筑以及城市思想，注重内部秩序，而欧洲则较为注重城市本身的外部秩序。所以我们观察日本城市，可以看到一个个封闭的庭院，他们占了主导地位，而剩余的空间，则是街道的空间；而欧洲城市，街道、广场等城市要素则与实体建筑占了相当的比例，于是我们看到了图底关系可以反转的欧洲城市平面图。

依照作者的观点，我思考了一下自己认知中的上海街道。我认为遍布上海的里弄街道是特殊的，既不像欧洲街道那样具有明确的边界，相似比重的内外空间权重，也不同于日本以"家"作为主体的内部秩序主导而空余下来的街道形式。上海的里弄，从某种程度上来讲，是一种内部空间与外部空间的融合，再细致地观察，则会发现他是从内向外包裹的空间。

这里说的内外融合以及空间包裹，并不是主要指两部分的空间要素进行融合（当然，这些物质元素在某些程度上也会融合），而更多地是指两个不同的空间领域进行融合。对比于欧洲的街道，或者《街道美学》中所说的日本街道，我们可以发现这个明显的不同。按照意大利式构思，街道两旁必须排满建筑，形成封闭空间。甚至在一

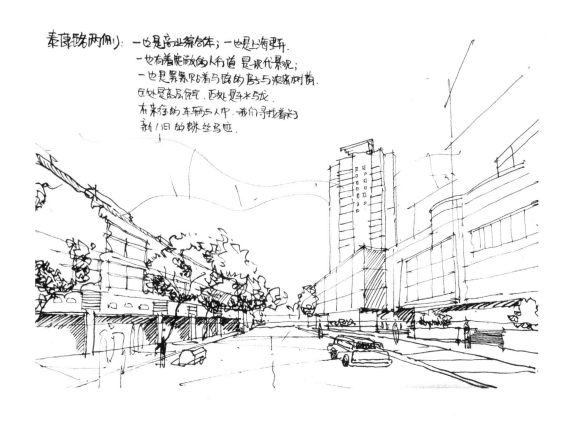

些街道，两侧建筑经历了长时间的更迭，可以从细微之处看出营造手法的不同，材料运用的差异，但都严格恪守着统一的檐口高度——走在这种街道上，可以明显感觉到边界的存在，墙的外边就是属于街道的领域，内部则是属于建筑空间的领域；相似的，传统的日本住宅用地，多存在带围墙庭院。日本的庭院是私用的内部秩序的一部分，宅和公共的外部秩序之间存在着围墙这一边界。这样的元素存在，也明确标识了街道明确的空间属性。虽然城市、

街道在构成方法以及各部分元素的强弱上存在明显的不同，但是两者街道都拥有明确的空间领域这一个特点非常相同。而里弄街道，走在其中，确实可以看到两侧较为规整的里弄住宅，但是在不同层级的里弄中穿行，很难明确感受到内外之分的空间领域。我们从车水马龙的城市街道走到充满生活气息的里弄之中，从里弄的公共区域走到每家每户私有的区域，这些过程很难被某个界限所划分——我们永远无法明确到底走过了哪条边界，就进入了个人

领地。所以说，里弄街道中的领域感，是一种由内而外包裹的空间所形成的。我认为分析这个现象可以从场所精神入手。

在《街道的美学》一书中，芦原义信为了说明空间的内外，提到了"拖鞋"一事。对于日本人来讲，穿着拖鞋便意味着居家活动。其实，人们的穿着与建筑空间存着微妙的联系。或者说所有在建筑空间中存在的事物都存在着某种影响。

密斯、柯布西耶、阿尔托等人不单单设计建筑，而且还设计了室内的家具。赖特不仅仅给业主设计了建筑，还一并设计了居家服装，甚至还根据不同的时间阶段设计了不同种类的家具服装。无论是衣服还是建筑，其中相同点是这两者都在赋予人（使用者）一个存在的立足点，紧贴皮肤的衣服直接包裹了身体，而建筑的围护结构，更大范围包裹了身体。同理，街道包裹了建筑，这是更大的立足点。没有了衣服、建筑或是街道中的任意一个，我们都失去了依靠，都是不能生存的。所以说，我们应该从场所感入手，分析街道。街道在场所上的意义，要远大于其在空间上的意义。

同时，从场所看里弄，可能要轻松一些，抛开了长度、高度、宽度等物质属性，我们可以更加自由地把目光聚焦在里弄的生活之上。

里弄中，常见的是坐在过街楼下面听收音机、读报的身影、在二楼窗口一晃而过的街道的眼睛、在弄堂口打牌下棋的老人们、提着大小篮子赶回家的中年人、到处玩耍神出鬼没的小孩子……诸多人物与事件中，可以找到许多联系，但是比较明显的一点就是：进行着各种活动的人，都穿着睡衣。有的人穿着拖鞋，同时穿着睡衣；也有的人穿着皮鞋，穿着睡衣。有的人提着菜篮子，穿着睡衣；也有人提着个公文包，穿着睡衣。仔细想来，睡衣与衬衫的区别要小于皮鞋与拖鞋的区别。那么穿不穿睡衣所带来的区别也就比穿不穿拖鞋所带来的区别要微妙很多。芦原义信认为，"穿着拖鞋区分内外"，那么穿着睡衣区分的是何种微妙的东西呢？

穿着睡衣出门，无非如下几种可能：其一，穿睡衣的人认为外部的空间与家中空间无异，从客厅走到卧室不用换衣服，那自然从家门口走到弄堂口不用换衣服；其二，穿睡衣的人认为走出家门，空间虽然变化，但是大体属于一类，穿睡衣无妨。就如同下班离开公司，前往西餐厅，不用换上燕尾服，穿西装无妨。第三类情况，则是穿着睡衣的人发现了空间的不同，但行动仓促来不及换上其他衣服。无论是何种情况，总结一下，则可以认为凡是穿着睡衣出入的场所，一定是符合人们头脑中对"家"或者"内部"这个领域的认知。或者说，里弄中的内外并非被某些墙体或者围栏限定，而是被人们记忆中的感知划分。一个中年男人可能整日穿着睡衣从家门口走到菜市场，期间穿过了一条条弄堂。换作我，我可能仅仅可以忍受穿着睡衣出门取信报箱中的报纸，这行为的不同，本质上是由于人和人之间对空间领域的划分不同。

这样一来，不同人的不同空间领域相

互叠加，造成了复杂并且匀质的关系场。所以就如我题目所写，里弄的空间并不能简单划为内部空间以及外部空间，而是一个"由内向外包裹的空间"，"内"可以认为是人们心中感知到的内部领域，即人们心里"家"的范围；而"外"，则是在这个领域中发展出来具体的空间路径以及空间场所，他可能是真正的"外"，也可能是某种"内部"。如同我上文中所说的，建筑与衣服都是环境感知的一部分，如果建筑直接对应着空间，那么衣服就与场所紧密关联着。所以我所述的"睡衣"一事，并非某一具体的事物，而是为说明空间领域以及空间场所所做的比喻。

现在看来，我们就不难理解为什么我们总能看到里弄中有很多穿着睡衣的人。但是又有很多新的问题接踵而至，为什么里弄会给人如此强烈的个人空间领域感？这种领域感又是如何维持的呢？这些问题可能需要进一步探索！

场所的街道——以上海新港路为例

张凤嘉

100383

但是随着城市人居密度的急剧提升，城市的公共空间承载了越来越多的市民生活，有的是私人生活对共有空间的霸占，有的是场所激发的即兴活动。街道作为市民不可避免每天接触的公共场所，是城市日益重要的成分。街道业态的组成和上镜程度固然是评判空间品质的重要考量，街道作为场所激发的市民活动同样值得关注。

卢原信义在《街道的美学》中谈到，日本与西方在文化上对私有空间和公共空间的态度上大有不同，一个日本人会把家视为"内"，而家以外的社会则视为"外"。中国人可能也有同样的思想——自家院墙一围，坐北朝南，自恃王孙。人人都只顾自家门前，就不怪没有西方那样品质的广场和街道了。但是随着城市人居密度的急剧提升，城市的公共空间承载了越来越多的市民生活，有的是私人生活对共有空间的霸占，有的是场所激发的即兴活动。街道作为市民不可避免每天接触的公共场所，是城市日益重要的成分。街道业态的组成和上镜程度固然是评判空间品质的重要考量，街道作为场所激发的市民活动同样值得关注。

以上海新港路为例。新港路是位于上海虹口区连接四平路和大连路的东西向街道，被天宝路、瑞虹路和虹镇老街分为四个部分。街道两旁高档居住小区、多层集合住宅和待拆迁里弄住宅混杂，并且有和平公园的两个主要出入口。

自道路西端往右看，第一段街道北面为待拆迁的里弄，如今作为餐饮等使用，南面是大型的超市，将道路横剖可以看到，北面的人行道被商铺占据，行人只能在车道上通行，南面则是带有自行车停放和绿化的广场人行道，可是即便是这样，人们还是愿意沿着北面的小快餐店而行，南面则廖无人气。南面街道处在高层的背阴里，商业面离开人行道三四米远，中间有绿化隔断之外还有三级踏步的高差，这样的街

道氛围比北面临街而设的小店的亲和度远远要低，在这段街道的尽头虽有设计给市民的小广场，也往往是延续了街道的冷清，使用率不尽人意。

街道的中央两部分北面沿和平公园，南面则是多层集合住宅。由于和平公园沿街设有围栏，而住宅的底层没有商业分布，这部分街道稍为消极，主要的公共空间集合在公园的出口附近，在这些区域集中有小摊贩和下棋聊天的居民，这部分街道作为公园功能的外延成为有活力的城市公共空间。

新港路的右端北面为底层有商业的多层集合住宅，南面为多层商业综合体。北面的底层商业主要服务于小区，业态有杂货、理发等。店铺的业主将自家店前的人行道作为存储空间或是休息空间，行人通行时有仿佛出入私人庭院的顾虑。人行道与车道之间的绿化带、上空的住宅阳台伸出的晒衣杆等，更加给这部分街道增加了私密性。外来者穿行北面街道时会受到街边茶馆里居民的注目礼，而南边的商业界面与人行道相对友好，街道南边的使用率远大于北面。

新港路的沿街建筑高度与道路的比例适中，绿化较好，在空间节点上形成了能促发居民活动的场地。

街道作为场所，为城市提供穿行空间外，还应该是积极的公共空间。

萝卜还是白菜？

马赛

100411

5 街道的美学

单纯改变建筑或街道形态，人却还是以前的生活习惯，街道就会更好地使用了吗？我对日本街道最大的印象就是动画片中的场景。哆啦A梦、大熊还有他们的好朋友，一起放学，然后到街转角的空地上打棒球，或是一起到某个朋友家做客。所以，在我的理解中，同在一个社区中的人，彼此都非常熟悉。如果想要聊天，就会到家里做客。即便是街道退后1m，留出屋前花园作为街景，邻居们也还是习惯去家里做客，而不会在街上聊天吧。

1. 萝卜还是白菜？

作者从日本人习惯进屋脱鞋写起，进而对比了日本与美国及一些欧洲国家的人的生活习惯。从而引申出，正是由于人们生活习惯的不同，导致街道形态的不同。

作者运用了一系列理性的研究方法，对日本和西欧国家的建筑环境、街道、广场等外部空间进行了深入细致的比较分析，从而归纳出东西方在文化体系、空间观念、哲学思想以及美学的价值取向等方面的差异，并对如何接受外来文化和继承民族传统的问题提出了许多独到的见解。

我非常欣赏作者这种理性的分析方法，但是，"美"毕竟是一个感性认识，

能否简单地用数字来得出结论，我们尚无法知可否。

而对于"你觉得意大利充满活力的广场，还是日本幽静得住区街道哪个更美？"这个问题，也只能见仁见智。就像中国的俗语——"萝卜白菜，各有所爱"。

我只谈一点感受，街道的形态，正如笔者所述，是由使用的人决定的。单纯改变建筑或街道形态，人却还是以前的生活习惯，街道就会更好地使用了吗？我对日本街道最大的印象就是动画片中的场景。哆啦A梦、大熊还有他们的好朋友，一起放学，然后到街转角的空地上打棒球，或是一起到某个朋友家做客。所以，在我的理解中，同在一个社区中的人，彼此都非常熟悉。如果想要聊天，就会到家里做客。

即便是街道退后 1m，留出屋前花园作为街景，邻居们也还是习惯去家里做客，而不会在街上聊天吧。

　　当然，有活力的街道对于外来者的吸引力是毋庸置疑的。不过考虑到文中多谈论的是住宅区中甚至没有名字的街道，那是否要对这样的街道做出改变，恐怕就要听从最常使用这些街道的人，也就是居住者的意见了吧。

2. 无为而治

　　提到街道，我最先想到的，一是我的家乡，天津的五大道，一是杭州的南宋御街。

　　五大道是五条平行的马路，属于法租

界地区，两侧有各式保存完好的小洋楼。虽然作为旅游景点，这些小洋楼的功能并没有刻意改变，有的继续用作住宅，有的用作公司，也有一些用作餐馆或茶楼。只是在五大道区域中心位置的小广场，增设了马车与自行车租赁。五大道是从我家到奶奶家的必经之路，大学以后带同学去家乡玩，这里也是必去之地。

大学以后的第一次旅行是好友四人一同去杭州。那时候也是第一次来到南宋御街，感觉并不像是一条专为旅游开发的街，两旁多是旅馆和银行，可以供游人逛的小店和咖啡厅非常少。但是我却非常喜欢这条街的感觉。喜欢街旁的石凳、小的石景，以及可以一步跨过的小溪。

把这两条街放在一起说，是因为这两条都是我非常喜欢的街道。虽然产生背景不同，但是这两条街道却都是城市旅游参观的重点地区，而且都是以街道本身魅力而不是以过分商业化来吸引人的。

从历史保留价值来说，五大道必定是优于南宋御街的，但是我却觉得南宋御街更吸引我。究其原因，无外乎南宋御街根据其旅游定位重新更新了街道，着重考虑步行者的感受。包括禁止车行、设置路边节点等等。相比之下，五大道的"无为而治"却显得太不人性，租赁的自行车、马车、行人、穿越的汽车，全部混行。那些有历史价值的小洋楼也全被围墙紧紧包裹，有人根本无法看到，甚至还有人家放出恶狗惊吓游人。

我非常赞同五大道这种不过份包装的做法，但即便是无为而治，也应该顺应街道现有事实，做出相应合理的更新改进，积极地作为，"无为"绝不是什么也不做。

引用简·雅各布斯在《美国大城市的生与死》中的那段话："当我们想到一个城市时，首先出现在脑海里的就是街道。街道有生气，城市也就有生气，街道沉闷，城市也就沉闷。"芦原义信在街道的美学中也引用了这句话，足以见得，一座城市的街道之美足以体现该城市的意向和韵味。

积极而有节制的作为，会让我们的街道更美，城市更有魅力。

注："无为而治"出自《道德经》。无为，就是无主观臆断的作为，无人为之为，是一切遵循客观规律的行为，因而也是积极的作为。指出凡事要"顺天之时，得人之心"，而不要违反"天时、地性、人意"，不要凭主观愿望和想象行事。所以说："天道无为，顺其自然趋势而为，无亲无疏，无彼无己也"。

夜上海

黄嘉萱

1150276

5 街道的美学

城市的夜景比白天更诚实。在白天，未必能从白色的底中找到一个黑的地方，可是在夜晚，一个一个轮廓清晰的亮块在低调的黑色底中迸发出来，吸引了你全部的注意力。任何一个微不足道的小窗户能够借此达成它的权力与意志。

《街道的美学》一书分析了城市街道的构成要素，并提出了大量设计手法。作者芦原义信以自己作为一个日本人的身份，比较了东西方城市街道的不同。

本人特别喜欢此书中对于城市夜景的论述，希望能结合它来体会上海的夜景。

《街道的美学》中，把夜景称为"图形"与"背景"的反转。作者在"工作之后回到小小的公寓，在夜幕降临中，从唯一的一扇窗口向外眺望，只见高层公寓数不清的窗子里，接连亮起了灯光，不久，建筑的外墙即消失在昏暗之中，只有窗子在夜空中放出光亮。白天，街道的主体无论如何也是建筑的外墙，只有窗子等处的玻璃较暗。一到晚上，建筑的外墙就很难看清了，窗子部分一下子变成了主角。"

城市的夜景比白天更诚实。在白天，未必能从白色的底中找到一个黑的地方，可是在夜晚，一个一个轮廓清晰的亮块在低调的黑色底中迸发出来，吸引了你全部的注意力。任何一个微不足道的小窗户能够借此达成它的权力与意志。

世界从三维变成了一幅图，在这里，前后变得不重要，重要的是，你看到了什么。远处的东西是微小的马赛克，装点了这幅画的黑色的"底"，使之充斥着模糊的肌理而不单调。近处的玻璃窗形成的图，它的大小让你感觉到欢迎，因为你可能看到里面在发生着什么，也可能是拒绝，一幅窗帘冷静地横在窗前，或者尺寸太小，看不清也猜不出里面的人在发生什么。

黑夜呈现的信息量是整齐、缩小的。人都被装进了他们应该在的地方。

对于蚁族来说，他们终于像蜜蜂一样被装进了蜂窝。他们打开电脑，刷着社交网络，看着窗外，觉得灯红酒绿不属于他

们这个世界。夜的上海不是视觉的，只是听觉的，外面的车辆最好不要太吵影响睡觉才好。全部的视觉在于公寓、廉租房楼下的便利店。小小的窗户在凌晨从夜景的"图"上消失了。油腻腻的小房间的室内故事也结束了。

上海有家的年轻上班族在夜里约上好友去繁华的商业圈吃饭、唱歌、逛街。热闹几乎是最有效率排解一切寂寞的方法。在商业区熄灯之后的数个小时里，他们家起居室的灯也关了。黑黑的窗户里只有电脑屏幕发出的丝丝荧光。

老人在起居室里看八点档的电视剧。到了十点，他们回起居室睡觉了，把自己的窗户交给城市的背景。

还有一部分人的存在奠定了其他人对于上海夜生活的图景。夜幕降临，这些人起床，打的到了分布在市中心和不知名角落的不夜城。灯光越是刺眼越是鲜艳就越是吸引人，灯光的耀眼与钻石的璀璨、豪车的凌厉一样，支撑着他们心里的自尊和地位。皮草和玻璃杯在灯光下显示出不一样的材质，包裹和反射出肉质和皮肤的光滑。

外地人有时对上海存有奢靡的误解，在文化心理驱动下涌入这个城市。可见城市的黑夜才是最诚实的时候，只有在那时，白天想象不到的内部生活才会暴露。

与有着新建商业区的新兴的城市不同，在民国时期，上海就有着浮华夜生活的名声，可以从下述流行曲中看出。

夜上海
夜上海夜上海
你是个不夜城
华灯起车声响歌舞升平
只见她笑脸迎
谁知她内心苦闷
夜生活都为了衣食住行
酒不醉人人自醉
胡天胡地蹉跎了青春
晓色朦胧倦眼惺忪
大家归去心灵儿随着转动的车轮
换一换新天地
别有一个新环境
回味着夜生活如梦初醒
酒不醉人人自醉
胡天胡地蹉跎了青春
晓色朦胧倦眼惺忪
大家归去心灵儿随着转动的车轮
换一换新天地
别有一个新环境
回味着夜生活如梦初醒
如梦初醒如梦初醒

如果说一个城市的夜生活是一个城市历史不可缺少的一部分，她无疑有着强大的魅力。在我心里，上海像是一个30出头的女人，她有着风月场的故事又足够的明快干练，而不是拖泥带水或者颓废放任，她看不见的韧性和包容。她有着先天的美丽和后天的韵致，她有着文化和市井的双重气质，却又不像学术或者金钱方面的"凤凰男"一样对其中一个方面过分执着。因此她是我迷恋的城市。

建筑的七盏明灯

[英] 约翰·罗斯金
译 张璘
山东画报出版社，2006 年 9 月

　　《建筑的七盏明灯》是罗斯金的一部有关哥特式建筑的杰作，享誉英美艺术界，为好几代人批判艺术价值提供了标准。该书阐述了建筑的七大原则："牺牲原则"、"真理原则"、"权利原则"、"美的原则"、"生命原则"、"记忆原则" 和 "顺从原则"，为 20 世纪的很多建筑和设计提供了灵感。此外，罗斯金认为建筑是从先辈手中继承下来的东西，并映射出先辈生活的境况。这种思想对当今的建筑保护有着深远的影响。

19 世纪的明灯，当代的明灯

伍雨禾

1150308

6 建筑的
七盏明灯

他认为所谓的"建筑"二字是个神圣的词眼，绝非一般的建造之物可以拥有，狭义上的"建筑"就是献给上帝的艺术品，是表达虔诚的最宏大、最显著、最行之有效的方式。所以一切似乎都有了解释，他认为建筑上的精美雕刻绘画才是真正的建筑之美，建筑需要诚实，需要真实性，建筑需符合比例、色彩、尺度等等美的规则，建筑是记忆的载体，建筑需要法则来控制——因为建筑是献给上帝的，人类需要用建筑抒写自己所有的真善美来给上帝看。

维特鲁威说，建筑三原则是坚固、适用、美观。

罗斯金说，建筑就是艺术，否则只是建造之物。

作为一个历史的局外人去追溯这些观点永远无法做到无失偏颇，其实有时候私以为这种追根溯源想从根部弄明白那些言语在当年那些人口中说出来到底是指什么就颇有些后现代与无厘头了，我们永远不能完全明白别人的想法，更不必说几百年前，从里到外从衣食住行到自小看到的、听到的、学到的，统统与当代的我们截然不同的先人了。也许花数十年终其一生研究一个人，或者能揣摩到些许自认为正确的所谓"符合当年时代、技术、思想深度的先人的意思"，但是一来用人的眼光去看

待事物永远会带着主观的色彩，每个时代都有自己的"暗语"，错过了那个时代就永远不可能度他人之意，二来或许对于先人的言语我们所最容易最直接能运用它的方式，就是干脆用今人的心态思想琢磨之，得到能为今所用、为己所用的含义，古人也便没有白说那些话了。常言道，古为今用，那时候人还没有那么复杂，还没有对于当下的时代产生绝望或者是妄图单纯依靠将古人的世界观直接拔出插入到当下的世界，不像现在的人们吃饱穿暖精神缺失只能靠揣摩古人的一言一行来填饱精神世界了。

总看到有些现代人用现代的眼光去批评、批判、批驳先人的思想。虽说先破后立是种行之有效的议论手法，但是用现代的意识去批古代，就有些类同隔靴搔痒了，

毕竟你能说你的观点在现在是对的，但是绝没有理由去说他的观点在他的时代是错的了。

当然，如果那种先人的观点思想是为今人所默认的现代理论基础那就另当别论了——但是仍需注意的是，"反"、"批"等等字眼却是须好好斟酌的，时刻得记得，批的应是当代人所继承的改变后能为当下所运用的思想，而非先人的原话。

扯远了，总之，那个时代的罗斯金是个虔诚的基督教徒，是个在美学上有着某种严重洁癖的美学家。那个时代刚好是个重要转折点的前奏，各领域都在隐隐酝酿着从根本上改变世界、改变人类、改变思想的巨大变革，而罗斯金就恰好还赶上了现代前的最后一批。

他认为所谓的"建筑"二字是个神圣的词眼，绝非一般的建造之物可以拥有，狭义上的"建筑"就是献给上帝的艺术品，是表达虔诚的最宏大、最显著、最行之有效的方式。所以一切似乎都有了解释，他认为建筑上的精美雕刻绘画才是真正的建筑之美，建筑需要诚实需要真实性，建筑需符合比例、色彩、尺度等等美的规则，建筑是记忆的载体，建筑需要法则来控制——因为建筑是献给上帝的，人类需要用建筑抒写自己所有的真善美来给上帝看。

那么对于今天呢？我们从他的言语中除了模糊推导出那个时代人的思维环境，对于当代我们获取了什么呢？

私以为，最重要的便是今天仍被我们所认同传承的思想了——他正式提出了建筑作为记忆载体的必要性。

"在作者的一生中，有那么一些时刻，当他回首往事时，会心存特别感激……建筑正是作为这种神圣影响的集中化和保护者，我们才应当认真考虑它。没有建筑，我们照样可以生活，没有建筑，我们照样可以崇拜，但是没有建筑，我们就会失去记忆。"

这便是属于这个忙忙碌碌、累眼昏花的现代社会的一盏明灯了。

我们可以冷漠，可以自私，可以乱七八糟，可以七零八落，可以不理章法，可以千篇一律，这是属于21世纪独有的记忆，是定会被历史所记载的。不论这个时期在历史上有没有价值，有多少价值，它都是一种不可能被磨灭的全人类全世代所共有的。但是，同样的，过去留存的也是为全世代所共有的。想想看，我们是在几千年的基础上站起来的，若是为了今日的需要将回忆铲平，那么对于后代来说就相当于是仅仅站在我们的肩膀上创世纪了。

"上帝把地球借给我们生活，这是一笔巨大的捐赠。地球不仅仅属于我们，同样也属于我们的后人，属于那些姓名早已写在创造史中的人们。"

"我们必须使得建筑那么长命。"

"唯一能够代替树林和田野影响的只有古建筑的力量。"

还有一点精彩的驳论就是有关创新：

"在我看来，当今大多数的建筑师对于独创的真正特性和意义以及其构成要素似乎都有着一种奇妙的误解。表达的创新不依靠发明新词，诗歌的创新不依靠发明新的音步，绘画的创新也不依靠发明新色彩或发现使用色彩的新方式……他从来都不会把他们（奇怪的变化）当作其自由或独立不可或缺的东西来追求；那些自由将会像伟大的演说家使用语言时的那种自由，不是为了别出心裁而藐视一切规则，而是为了表达不违反规则语言就无法表达的事情时，所产生的必然的、无意的、耀眼的结果。"

这段话对于现今的一味求新求变求异或是一剂猛药了，事情不可两极化，现代有些过于偏激的做法的确须得从中找回些原则，但是罗斯金的论断本身已经不再适合当代了——如今的建筑与表达诗歌、绘画的距离远远大于建筑与科技的距离——而科技最大的特点也便是求新求异了。

总之，读一本书去揣摩作者的时代心理语境是种很有趣的做法，但是一味钻在里面便与如今的时代有些不相适应了。用今人的大脑去理解得到的的确必然不是作者的原意，但是谁又说古话今解就不是一种行之有效且有趣并还能使过去的著作永葆青春的方式呢？

《建筑的七盏明灯》读书笔记

周兴睿

093606

消费时代，建筑消费带来的城市风貌的日新月异，有些甚至因为虚妄和标榜变得诡谲怪诞，皆因在建筑设计中缺乏尊崇之心。在个性自由被过度放大的当代语境中，建筑师们各自为政。古罗马城市建筑体和古代中国城市那样一体和谐的建筑风貌一去不返，那种由建筑群落策略带来的宜人尺度和舒适的公用空间也一去不再，我们穿行在量产的钢铁森林中，难以感到任何的归属、敬畏与尊崇。

19世纪下半叶，工业化在将人力从劳动中解放出来的同时，也对艺术及手工制品造成了极大冲击。大量精美的手工艺制品被粗制滥造的工业制品替代。机器工业文明的到来确实大大提高了社会生产的效率和便利性，然而工艺品及建筑中那种与手工艺紧密相连的精雕细琢所带来的质感也随着机器的介入而逐渐消退。机械的物理性加工消除了个体工艺品之间的差别，艺术工艺品不再凝聚心血，作品变得可以复制，人们厌倦了机器生产出的那种玩意儿，开始怀念中世纪的考究的手工艺传统，工艺与美术运动应运而生。

这本诞生于"工艺与美术运动时期"的书，可谓罗斯金毕生最重要的著作之一。在与艺术紧密相连的建筑领域，罗斯金发表了自己的宣言，总结出建筑设计中应当尊崇的几项原则，并奉此为圭臬，是为建筑的七盏明灯。

苦于译者的翻译水平（或者是对此项工作投入的精力），加之这本书很重的基督教色彩，对这本书的阅读是极不顺畅的。译者并无建筑学或者艺术学的背景，在对此书进行翻译的时候，从很多不通的语句中看出译者并未能很好地理解作者原意，导致书中存在许多直接翻自英文从句的长句，以及文白混杂之语句，给读者造成了极大的不便。如果有机会，还是能够直接阅读原版会比较好。

这本书出版于1849年，虽然已过去一百六十多年，虽然处于截然不同的宗教文化背景当中，抛开宗教的狭隘与偏执，

此书中的诸多论述，与推崇之精神，在当今社会仍具有很强的借鉴意义。

　　这本书浓重的基督教气质，初读第一章便能体会到：献祭之灯。言及建筑，作为一项会牺牲掉很多人力财力物力的珍贵之物，以其牺牲代价之巨大，成为对上帝的献祭，而荣耀上帝。因而在此过程中，无论是业主还是建筑师，需将此事作为一项神圣的事物来看待，并且全力以赴。业主需不惜代价不吝钱财，支持这项伟大的献祭，建筑师应该殚精竭虑，充分利用好业主配给的资源，用心地完成这件祭品。然而作者在此处对上帝的极大热忱想必很难为基督教文化圈之外的读者所理解，其中的基督教信仰也很难形成对摩登都市人的说服力。现代的营造行为受经济效益和个

人品味的驱动为甚，在效益先行的社会中，人们更多的关注的是建筑的实际功用和能带来的潜在收益，很少有人再能像中世纪那般抱着对上帝的虔诚，去精雕细琢那些细部，以创造一件艺术品的态度去取悦上帝，并且让建筑在时间的浸润之下散发着耐人寻味的气质。即便如此，这盏以宗教之义高悬的明灯仍不乏当下意义，它不是要在全世界空投一个上帝，它的明亮在现代主义喧嚣的白昼显得那样微不足道，只有当夜幕降临，现代城市的冰冷将孤独的个体吞噬掉，这盏明灯所引领的反思、虔诚、敬畏和温暖，才会重现人们的视线，人们才会去审视这盏明灯的明灭，究竟会给人类带来些什么。

　　真实之灯、力量之灯、美感之灯，在

我看来是密不可分的三盏灯。

所谓真实，作者提到建造中的诚实，他提到三点违背此原则的行为：

第一，暗示有别于自己真正风格的构造或支撑模式，如同晚期哥特式建筑的屋顶垂饰。

第二，在建材表面上色上漆，呈现为与真正所用不同的材质（譬如把木材漆成大理石纹路），或者是用表面的雕刻装饰呈现骗人的效果。

第三，使用任何一种预铸或者由机器制造的装饰。

在我看来，第一点其实是作者对飞扶壁失去实际作用后作为形式和装饰的继续存在颇有微词，第三点是对粗糙的机械制品的反感。第二点我认为是核心，建筑本为不同材料按照一定的方式交接形成所需的空间，材料及其本身的构造方式已是很好的装饰，若在以一种表里不一的状态，虚以矫饰，混淆视听，难免造成错位之感。壁纸、油漆以及层出不穷的画立面事件，让人们开始怀念材料那种原初的质感，人们怀念那些有细微裂痕的砖墙，而不是用白线画满砖缝的墙面，人们开始怀念木质的粗糙、纹路、凹凸和气息，而不是那些油光可鉴的打蜡的贴着木纹的玩意儿。

力量之灯与美感之灯，作者提到的美是指对自然中既有的形态样式的仿效，力则指人通过自己的心智力量来安排组合、整理布置、控制支配建筑艺术中的各个要素。这二者相互交融，互为补充。无论是继承人类的富有力量的印象还是起源于自然符合造物之形象的事物，都能给人类的建筑艺术带来美感。作者由古罗马之拱券联想到彩虹，由尖券联想到叶尖，上帝给我们提供了铸模，我们用它来铸造。然而

不得不提的是仿效自然不是还原自然，作者这里对具体自然的热爱可能有点过甚。建筑中力与美的结合，不仅仅是形态上的相似，还更多的是构造方式，荷载传递等内在的理性之美使然。如果抛开这种内在和谐之美，徒有形似之美，就难免落入具象之泥潭，这一点我们已屡见不鲜。建筑之美不同于自然之美，它不需要放弃自我去还原自然界中的另一个存在。正如下一章"生命之灯"写道：

"数不尽的模拟与象征，将人类灵魂之本质以及灵魂与他物之关联性，呈现在有形创造物上。凡是与美有关的重要特质，无不有赖其是否能表现出自然事物所蕴含的生命之能。"

建筑以象征的方式和万物联系，和人类的故事联系，或许它是一种灵媒，从一堆没有生命的木石当中焕发出新的生命。作者热爱它，热爱它指向的上帝与自然。

宗教与自然对作者的影响是显而易见的，而这两点又密不可分。罗斯金的母亲是个清教徒，摈弃一切享乐之行为，而他的父亲是个殷实的酒商，曾带着罗斯金遍游欧洲的名山大川与建筑精品。从小耳濡目染对上帝的热爱，惊叹于山河自然之美，罗斯金在这样的环境中长大。于是乎上帝造了万物，从上帝的造物中学习，造好建筑以缮上帝，这在罗斯金看来就是生活的日常。

记忆之灯谈的是建筑的时间性。作者提到我们需要以最严肃认真的态度看待建筑艺术，正是由于它于守护者能成为"记忆"这种神圣作用的聚焦处于守护者。这个观点与罗西在《城市建筑学》中关于城市建筑体是历史的集体的记忆的观点不谋而合。《建筑的七盏明灯》提到，没有建筑仍然有

生活，但是绝不会有记忆。正是建筑构成了承载记忆的场所，一幢经历岁月风雨的建筑，是时间的长河相对不变的事物，"睹物思人"、"触景生情"、"人去楼空"之类的词皆因时间、人事的变迁中有相对不变的存在而显得格外有张力。故宫的雕龙画栋，金碧辉煌，上海里弄门头的那些雕花，都不再仅仅是作为审美和建筑的存在，那是一段能够引起人回忆和想象的符号，是历史，是生活。

基于对此的重视，在建造之初就应该考虑以坚固耐久的方式建造建筑。然而建筑的耐久性面对当今多元的文化语境是否需要保持其耐久性仍值得商榷。出于对地震的考虑，日本的民居多采用轻质结构和材质，在当今的快销时代，建筑似乎也不像以往是一个耐耗品，商品属性的建筑在当今社会会追随建筑理论和审美的差异而呈现出百态面貌，成为一种易耗品。伊东丰雄捏扁易拉罐说，我要造这样的建筑，成为一个几近宣言的口号。它是快销时代在建筑领域的一种体现，银色小屋作为他一段时间的自宅，便是对他这一理念的贯彻。那么一定要坚固耐久的建筑才能有场所的记忆么？不一定，伊东这种"快餐式建筑"，以材料和构造的形式形成了在一段时间内的一贯性，虽然房子拆拆建建，但这个时代却在延续这种建造方式，那么也不失为一种记忆。

最后一章的尊崇之灯讲的是建筑作为一个载体，承载着一个民族的构成体制、生命活力、精神灵魂、历史过往和宗教信仰，它已然成为一座具体的化身，在历史的烟尘中将自己的身世娓娓道来。雨果在《巴黎圣母院》中不吝笔墨花了一章来细写巴黎圣母院的建筑沿革和巴黎的城市建设。

在活字印刷术发明之前，建筑就是书籍，是石刻的经典。竭心尽力的人们一代又一代地修建教堂，在教堂的细部当中可以看到不同历史片层的叠加。出于对历史和文化的尊崇，建筑并不可能是建筑师想象力的恣意妄为，不能指望风格样式的创新，所谓的创新，皆为传统之上的破立，任何艺术的门类都是如此，都是在寻找历史中的精华与当下的契合点来完成对建筑发展的革新。否则就成了无源之水、无本之木。

西方从古希腊古罗马的古典建筑到中世纪的哥特式教堂，到回溯罗马的文艺复兴建筑，到追求纷杂反复的巴洛克、洛可可建筑，从风格杂糅的折中主义建筑到应新材料新技术而生的结构理性主义建筑，再回溯到古典，结合当下工业技术而诞生的现代主义，直到出现对现代主义的反思，出现现象学建筑与后现代主义。西方建筑在古与今的不断对话中更迭变迁，起承转合，而中国的建筑似乎从古代的木构框架体系直接跨入到了现代主义的洪流。虽然许多建筑师试图弥合地域性与全球性之间的断层，试图填补中国古代建筑与当代建筑之间的空白，然而除了 20 世纪二三十年代一些留洋归国的中国建筑师做出了十分珍贵的探索，之后鲜有比较有建树的讨论与实践。消费时代，建筑消费带来的城市风貌的日新月异，有些甚至因为虚妄和标榜变得诡谲怪诞，皆因在建筑设计中缺乏尊崇之心。在个性自由被过度放大的当代语境中，建筑师们各自为政。古罗马城市建筑体和古代中国城市那样一体和谐的建筑风貌一去不返，那种由建筑群落策略带来的宜人尺度和舒适的公用空间也一去不返，我们穿行在量产的钢铁森林中，难以感到任何的归属、敬畏与尊崇。

抛开这本书中的神学意味，它对我们当下的启迪仍然不可小视。如果该书的译著能再为流畅一些，那么这本书也许能造成更大的正面影响。在几十年的城市发展建设中，我们已经尝到缺乏原则、缺乏人文指引所带来的恶果，唯功能、唯效益的论调将城市环境逐渐改造成一部精准的机器，人逐渐被异化为当中的零件。宗教的糟粕在被抛弃的同时，敬畏之心也在被摒弃。我们受理性的驱使去创造量化上的最大，却失去了身前的指引与身后的关怀。我们希望这几盏明灯能够重新点亮，即便是寒夜孤灯，亦能重拾人们的希望与信念。

关于《建筑的七盏明灯》的一些想法

杨雍恩

100322

在罗斯金的心中，除了认为建筑装饰才是真正的建筑之外，他还默认了只有教堂才是真正的建筑。这本书里几乎没有讨论除了教堂之外的建筑类型。整本书里的大部分都要与上帝相关，可惜的是，上帝现在何处呢？

罗斯金是活跃于 19 世纪英国独树一帜的艺术批评家，我们之所以不用文学家来称呼他，是因为他流传于世的作品绝非只给读者文艺美感的愉悦，艺术史、绘画、建筑、教育学、美育……他的关怀面向很难聚焦于某一个固定的领域，而更难得的是，他在上述所有的领域都留下了足以垂范后世的成就。其才情，其感悟，其智性，其构想，每一触及，皆为惊世骇俗。

罗斯金于 1900 年 1 月 20 日逝世，他被安葬在住地的小教堂墓园，有个纪念碑竖立在西敏寺内，碑上写着："他教导我们／要亲切地记住／穷人和他们的工作／伟人和他们的工作／上帝和他的工作"。他在 20 世纪的曙光里告别尘世，而他在艺术诸多领域内的影响力迄未消散，历久弥香。《建筑的七盏明灯》便是他在建筑及建筑美学领域中最可宝贵的奉献，也奠定了其作为英国哥特式建筑潮流的最主要代表人物。

让人惊讶的是，这是本罗斯金在 30 岁时完成的理论著作。

罗斯金在写这本书时虽然年轻，但是，他已经有了相当的建筑理论修养以及哥特建筑创作的实践。当他还是一个学生时，就已经从别墅和农舍的建筑特点出发，探索出了他所主张的从生活习惯、景观环境及气候条件来思考的民族建筑思想，并在《建筑杂志》上就此发表了一系列文章。他对古希腊、古罗马时期的意大利建筑做过深入细致的考察研究，还存有那时现场绘制的建筑细部素描图。

任何一位读过这本书的人都可以清晰地发现作者的宗教倾向，可以这样说，这本著作是在他的宗教审美情怀理念下操作的语言实体，鲜明体现了他的文化建构和美学理想。罗斯金倾其生命热力，探究宗教文化与生命意义的联系，探询建筑与宗教审美精神融通的境界。这些背景使《建筑的七盏明灯》一书独具特色，它不同于一般的理论性作品那般有种故弄玄虚的拗口，虽然辞藻华丽但又不会让人不知所云。

即使如此，《建筑的七盏明灯》也有其所不可避免的时代局限性。对于我们现在的学生来说，并不是一本实用的指导如何设计的书籍。

相对而言，这是一本19世纪的建筑美学著作，他对我们起到的作用更多是影响我们的艺术修养。

罗斯金通篇在讨论什么是正确的、诚实的、高尚的建筑。在我们今天这个越来越强调"以人为本"的时代，罗斯金"以神为本"的建筑理念似乎已经不合时宜，"神"已经被拉入凡间。

而另一个不合时宜的是，罗斯金的建筑学界定、关于建筑的理解与今天的并不相同。在罗斯金的心中，除了认为建筑装饰才是真正的建筑之外，他还默认了只有教堂才是真正的建筑。这本书里几乎没有讨论除了教堂之外的建筑类型。整本书里的大部分都要与上帝相关，可惜的是，上帝现在何处呢？

建筑的永恒之道

［美］C·亚历山大
译 赵冰
知识产权出版社，2002 年 2 月

　　《建筑的永恒之道》的风格和《道德经》很接近，一直被认为是西方现代《道德经》，语言简朴，朗读起来节奏感很强，其中的深意心领，易言难传，作者借助这种风格传达了比较深邃的哲学理念。在对建筑理论的探索过程中，亚历山大逐渐形成了自己的有关自然和生活的哲学。无论是跟同时代的科学还是同建筑相比，他更注重自然和人类思想之间的关系。亚历山大认为宇宙是个有机的整体，其中既包含有各种情感也含有无生命的物质。这一有浓重道家色彩的观点在《建筑永恒之道》中酝酿成熟。这是一部有哲学性的建筑著作还是以建筑为例证的哲学？

匿名的历史，无名的舵手

李纪园

083039

7 建筑的永恒之道

我们逐渐把建筑，甚至城市也看成是构想出来的、完全想象的、设计的"创造物"。产生这样一个整体看来是一项不朽的业绩：它需要创造者凭空思考而给出某种完整的东西；它是一项艰巨的任务，令人生畏的巨大；它使人不得不肃然起敬；我们明白它是多么艰巨；我们也许畏缩不前，除非我们对自己的力量非常有把握；我们畏惧它。

Christopher Alexander 是一位多产的建筑实践家，也是一位普适思想的布道者。他的理论消解了无数平庸的建筑学人对于诗意与创造力的恐惧，也为后来者规划出一条或平坦或坎坷的实践道路。

永恒之道的无名特质："生气、完整、舒适"还是"自由"

我们所具有一种能力在我们每个人中是如此一致和根深蒂固，以致一旦它被解放出来，它将允许我们通过我们个别的、独立的活动来创造一个城市，而无需任何规划，因为它正如每一个生命过程，是一个自己建立秩序的过程。但今天的事情却是，我们自己已被那些以为要使房屋或城市有生气就非做不可的准则、成法、概念所困扰，我们变得害怕起自然发生的事情，而且确信我们必须在"系统"和"方法"中进行工作，因为没有它们，我们的环境将会在混乱中变得摇摇欲坠。也许我们害怕，离开了想象和方法，混乱将挣脱出来，而且更害怕，如果我们不使用某种想象，我们自己的创造本身会混乱不堪。我们何以害怕呢？难道是因为假若我们搞乱了，人们会嘲笑我们？或许是我们很害怕，当我们希望创造艺术时，真的搞乱了，我们自己将会混乱、空洞、虚无？这就是何以旁人容易利用我们的畏惧的缘故。因为我们害怕自己混乱，它们就可以劝说我们，必须更有方法、更有系统。离开了方法和更进一步的方法，我们害怕自己的混乱将显现出来，而这些方法只能使事情更

·VAIN·

糟。助长这些方法的思想和恐惧乃是错误的观念。产生死寂、呆板、虚假的场所是由于这些错误的观念给我们产生的恐惧。而且最有讽刺意义的是，我们用来使我们从畏惧中解脱出来的特殊方法，本身就是枷锁，我们的困难就来自它对我们的束缚。事实上，我们自己看上去的混乱乃是一个丰富的摇摆、自负、垂死、跳动、歌唱、大笑、高叫、哭喊、睡眠的状态。倘若我们只让这种状态支配我们的建造活动，我们设计的建筑，我们帮助产生的城市将是人们心目中的丛林芳草。我们可以首先学会一种告诉我们环境与我们自己的真正关系的方法。

历史不再成为真相的记录："权能的斗争与趋媚"

生活的特质理应如此：它不能制造，只能产生。当一件东西被造出时，其中有制造者的意愿。但当它被产生时，它是通过无我规则的操纵，作用于情境的现实，自动产生了特质而自由地被产生的。当笔法作为一个过程的最终结果来看待之时，也就是当过程的作用力取代了作者难懂的意愿之时，它就变得很美。作者放松了其意愿，而让过程来接替。同样，任何有生气的东西只有作为一个作用力接替主观创造活动的过程的最终结果才能得到。在我们的时代，我们已经逐渐把艺术品看成是创造者心中构想的一个"创造"。而且我们逐渐把建筑，甚至城市也看成是构想出来的、完全想象的、设计的"创造物"。产生这样一个整体看来是一项不朽的业绩：它需要创造者凭空思考而给出某种完整的东西；它是一项艰巨的任务，令人生畏的巨大；它使人不得不肃然起敬；我们

明白它是多么艰巨；我们也许畏缩不前，除非我们对自己的力量非常有把握；我们畏惧它。所有这一切把创造或设计的工作解释为一个巨大的任务，某种庞大的东西突然一蹴而就，其内部活动不能被解释，其主旨完全依赖于创造者自我。无名特质绝不能像这样产生。

模式的建立和语言的瓦解："语义体系的隔阂"

每个人心中都有一种模式语言。你的模式语言是你对如何建造的认识的总和，你心中的模式语言与统领一个人心中的模式语言稍有不同，没有两个完全相同的，但模式语言的许多模式和片段也还是共有的。一个人着手设计时，他的所作所为完全由当时他心中的模式语言支配。当然，每个人心中的模式语言都是随着各人的体验的增长而不断发展的，但在他必须进行设计的特定时刻，他完全依赖于他正巧在那时积聚的模式语言。其设计不管是否最佳，或庞大复杂，完全受他心中的模式语言以及这些模式的形成一个新设计的能力控制的。

而在我们的时代，语言已被毁掉了。因为他们不再被共同使用，使之深入的过程也便瓦解了。因而事实上，我们的时代，任何人不可能使一个建筑充满生气。

决定着如何建造城市的模式语言变成专门化和私有的了，而不能被广泛地使用。道路由道路工程师建造，建筑由建筑师建造，公园由规划师建造，医院由医院顾问建造，学校由教育专家建造，花园由园林工人建造，一片住宅由开发者建造。城市的人们自己难以知道这些专家使用的任何语言。如果他们想找出这些语言包含的是什么，他们不能，因为这被认为是专业知识。

专业者守护着他们的语言已是自己必不可少。甚至在任何一个专业中，专业性戒备是人们不能共同使用他们的模式语言，建筑师像厨师一样戒备地防护着他们的诀窍，以便他们能够继续兜售某种独一无二的风格。这样的语言有专门化开始，躲开了普通人们，然后，在专业中，语言更成为私有，互相躲藏而分离。

建筑的事件成为少数权能话语的集合，无名的特质与永恒的模式被新的浮躁的时代特征所取代。

亚历山大模式语言

杜超瑜

1150314

在亚历山大的三部著作中，被一条共同的思想所串联：彻底的公众参与。尽管模式语言是作为通向建筑永恒之路的入口，是一个过渡过程，可还要经过公众普遍使用这一阶段。依照亚历山大的说法，即使是外行也可以使用模式语言为他们自己及其活动设计出令人满意的、符合生态学的合适环境。亚历山大希望模式语言能作为一种公众的语言，让更多的人使用，重新肩负起对环境的责任感。

C. 亚历山大教授是世界著名的建筑学家、计算机学家、哲学家以及空间规划大师，他对于建筑理论的成就主要在于其模式语言．亚历山大从观察原始的自然文化入手，这种文化逐步有机发展而无意识地产生出与其环境完全协调的形式。随后他以复杂的数学方式代替了这种"无意识"的形式创造过程。依据这一方法，设计和规划的问题被分解成一系列元素，然后反过来把它们重新组合成基本"模式"。之后，亚历山大在此基础上进一步研究，于20世纪70年代后期形成了一套成熟的模式语言理论体系。他的三部曲为：《建筑的永恒之道》、《建筑模式语言》和《俄勒冈实验》。这三部书是一个整体，其间的关联性很强，只有综合起来进行研究，才能对模式语言理论有一个全面的理解。本文结合这三部书、模式语言理论的各类研究及自己的思考体会，来谈谈亚历山大的模式语言。

一、亚历山大及其模式语言三著作

《建筑的永恒之道》是亚历山大设计哲学的阐述，并对其所建立的《模式语言》进行了详尽的解释。《模式语言》是对建筑设计和规划的一套详尽清晰的指导，解释了不同规模的模式，从大到小，有区域、城镇、邻里、建筑群、建筑物、房间、小室以及施工的细节。《俄勒冈实验》则是关于俄勒冈大学的总体规划，是对于模式设计的实践。

亚历山大的模式语言建立起一种与现行的建筑和规划方法完全不同的一种新的

建筑理论，它遵循以下逻辑展开：

1. 永恒之道：空间因无名之质而优秀。

2. 质：亚历山大这样形容："在这条永恒之路中，存在一无名的特性，它不能被命名，是因为没有任何现成的概念适合于它。"亚历山大提供了周围的一些名词作为媒介，希望能够有助于诠释无名之质的内涵：生气、完成、舒适（强调自我感觉的舒适）、自由、准确、无我、永恒。

3. 门：选择模式语言。建筑和城市中的特性，源于每一场所由于持续发生在那里的事件的特性模式。但是不同的事件模式在不同的文化背景下是不同的，因此亚历山大认为一个场所拥有越多充满活力的模式，作为一个整体它会获得更多的生命，更加生气勃勃，得到无名之质。

4. 道：通过模式语言创造无名之质。建筑物的生命以及当它们生机勃勃时所拥有的永恒的特点，可以通过使用模式语言来获得。如果人们拥有一种充满生气的语言，从中产生的建筑将是有生命力的。

5. 道之核心：达到无我。要使建筑物减少自我意识，建筑师必须抛掉意愿中的形象，从零开始。这里所说的零，并不是虚无，什么都不存在，而是指建造者应该是自由的，减少自我意识。亚历山大提到："我们要想使建筑物生机勃勃，我们自己必须是非主观的。"当思想得到了解放，没有自我意识，建筑师将不再需要任何语言而设计出充满生命力的建筑，因为这已经成为根生的品质。

亚历山大建立的一套充满活力的模式语言是获取无名之质、实现永恒之道的入口。亚历山大把行为看成是活动倾向，而环境则可能妨碍、阻挠或便利于这些倾向。一个环境中若没有倾向间的互相冲突，便可称为"好的环境"，因为它不再需要设计；而设计问题之所以产生是因为倾向的冲突。模式设计方法正是以此为前提。由此，亚历山大认为，某一特定的行为系统和某一特定的物质环境的关系可规定为一种理想状态，这种理想状态就是所谓的"模式"；模式的确立主要通过观察现存环境与人的相互关系中得出。学会发现单个有生命力的模式，融会贯通，在设计的过程中便可以根据需求制定自己的模式语言。语言的结构通过单个模式相互联系的网状组织而产生。到一定程度，这些模式就形成一个整体。在实践的过程中积少成多，从众多的小结构到一个结构体系，这就是一个城市的通用语言，也就是那个入口。

亚历山大在他的《模式语言》中罗列了253条模式，基于模式间的联系被分为：城镇模式、建筑物模式和建造模式。每条模式由三个明确定义的部分组成：(a) 文脉：也就是一个问题所处的环境状态；(b) 问题：表达在复杂环境中反复出现的客观需要；(c) 解答：表明用空间安排方法来解决问题（这里的解答并非具体答案而是一种物质实体的几何关系）。每一条模式都与上下有紧密的联系，即有助于完善它上面较大的模式，又被下面较小的模式完成，所有模式共同组成了亚历山大的语言。

在亚历山大的三部著作中，被一条共同的思想所串联：彻底的公众参与。尽管模式语言是作为通向建筑永恒之路的入口，是一个过渡过程，可还要经过公众普遍使用这一阶段。依照亚历山大的说法，即使是外行也可以使用模式语言为他们自己及其活动设计出令人满意、符合生态学的合适环境。亚历山大希望模式语言能作为一种公众的语言，让更多的人使用，重新肩负起对环境的责任感。

二、模式设计方法的历史地位

亚历山大模式语言思想的基本观点形成于 20 世纪 60 年代，这是西方建筑理论著作产生的黄金时代。基于二战后大量的城市重建以及对现代主义建筑问题的反思，一批新的建筑理论观点诞生，而亚历山大被誉为"设计方法运动有影响的权威"。这段历史时期同时恰逢西方现代哲学在经历了其初期艰难反叛之后的蓬勃发展时期，早在 20 世纪上半期分析哲学和现象学运动的盛行，标志着西方哲学在总体上已由近代思维方式转为现代思维方式。社会对人的自由尊严以及人的命运和前途等问题更加关切。亚历山大与同时代哲学家面临的同样问题是怎样去克服科学的发展所带来的人的异化问题。亚历山大建筑理论的研究方法由理性主义向结构主义转变，宇宙观由主客二分的西方近代哲学思维模式到主客交融的现代哲学思维模式，都深刻反映着西方哲学在近、现代发展的历程。他建筑理论中哲学思想的"转变"，恰恰因为切近了西方哲学发展大趋势的脉搏而显得富有时代感。

尽管受到赞美与追崇，亚历山大对其设计方法却有自己的观点："我曾被当作这所谓的建筑设计方法领域的头号代表人物……我反对把设计方法作为研究课题的思想，因为我认为设计研究同设计实践分离开来是荒唐的。"现实中的困难并没有使亚历山大灰心，他仍一贯进行着自己的追求。

其实，亚历山大所处的地位并不重要，我们也不能用简单的是非对错来评价亚历山大。不能因为模式语言是一种理想，我们就说它不美，不鼓舞人心，不启发人类的思想，而是潜心研究下亚历山大是如何思考与实践的，他的价值观、生活观和世界观，取其研究之精华与启发。

三、模式设计方法的影响

在建筑实践、教学乃至社会，模式语言都有着深远的影响。

1. 模式设计方法相比亚历山大早期的解体方法（城市并非树状，真正的环境-行为系统常常是十分复杂的，并不能由树状模式表示，这是解题方法最主要的局限）更易于被采用，许多建筑设计实践中都或多或少采用模式设计的方法，在理论与实践中都有较广泛且深远的影响。

2. 在设计教学中，模式语言也颇有影响。堪萨斯州立大学在设计教学中应用了模式语言作为工具，模式语言有助于学生观察环境中的空间、形式和活动；加州大学伯克利分校也将模式语言应用于学生建筑设计的课堂作业中；清华大学指定模式语言为本科生专业英语阅读书籍。

3. 受模式语言的影响，人们发展新的模式，扩充模式设计方法。亚历山大自己也承认他的模式不是唯一的模式语言，这些模式有待于补充完善，甚至更新。

四、对模式语言的批评以及质疑

尽管亚历山大的模式设计理论具有广泛而深远的影响，但是西方建筑界对其却褒贬不一，尤其是对这种设计方法的哲学基础、基本假定存在着深刻而尖锐的批评。笔者自身也有诸多思考与质疑。

1. 亚历山大的研究中忽略了一个问题，即空间是怎样被感知的。

事实上，空间是非常复杂的多要素综合体，它具有不用的尺度、不同的角度、不同的层次等特性，而同时受到知识、理性等各方面的限制。每个人都不可能感受到空间的全部，而只能感受到他能够感受到的空间，而只能感受到那些给他印象最深刻、最能够满足其需求的部分空间，并选择性地忽略掉其他的空间。

既然空间只能被选择性、阶段性感知，并且存在着极大的个体差异，那么评判一个空间是否拥有无名之质呢？这些问题亚历山大并没有正面的回答，而是借用"无名"应对："无名之质不能被命名。"并继而提出："当我自由生活时，我就有此特质。"那什么是自由呢？文中一段话指出："当一个人全神贯注，忠实于自己，并能顺乎自然形态自由活动之时，他是有活力的。但是，这种状态仅靠内部作用是不能达到的。事实上，个人乃是由他的环境塑造的，其协调状态完全依赖于他同环境的协调。"可以看出，亚历山大所说的"自由"侧重于人与环境、空间的协调。在文章的最后，他亦回到无名，以自己的"感觉"作为评判。绕了一圈之后，亚历山大回到了泛义的"感觉"，陷入了一种逻辑错误——"循环论证"（论据的证明需要依赖前提的情况）。一开始，作者通过感觉提出无名之质，而经过模式的创造之后，又要重新通过感觉判断这个空间是否存在无名之质，但作者又仅以"生气、完成、舒适、自由、准确、无我、永恒"来描绘无名之质，仍然无法将其判断提升到理论依据的判断。所以从这个角度上来讲，无名之质的含义似乎很玄乎，如同佛家世界观的描述一样：般若非般若，故般若。即：模式不是模式，所以它是模式。

2. 亚历山大始终强调人的自主参与。

既然如此，建筑师还有其存在的必要么？而人的参与真的能够创造出好的建筑么？

亚历山大十分强调公众的参与性，从而减弱建筑师的工作，而其本身就是建筑师。实际也正验证了这一点：模式语言建立以来，普通公众不经与专业人员合作而采用的寥寥无几（在中国甚至非专业人员对模式语言还是相当陌生的），倒是在专业人员中不时有一些据此进行的研究作品出现。

要让群众自主参与，对群众的素质有很高的要求。以云南省文山州普者黑村为例，当地农民虽然建造了砖混结构的新房子来办农家乐，但因砖混结构与传统木构在民居形态上差异很大。空间变大了，阳光充裕了，室内空气流通了，但传统文脉却被割裂了，游客并不愿意前来消费体验。因为农民一方面缺乏体验经济下的市场经济模式思维，另一方面，又受即时的经济、技术条件的制约，容易产生从众心理，随大流——别家怎么盖，我就怎么盖。因此，亚历山大强调的人，应该是以能代表受众利益的（农村）建筑师来引导农民自主建房。

3. 亚历山大的理论把人的行为与环境的关系简单地建立在是"环境决定论"之上。通过调查现实环境中的冲突来作为设计问题的起源并由此进行以消除冲突为目的的设计，是否在某种程度上等同于行为控制论？

亚历山大将城市看作为实践模式与空间模式的结合，城市是由发生在场所中的事件所支配的。在现实生活中，不同的人乃至同一个人的目的、愿望和兴趣常常自身就是冲突的。因此，亚历山大的方法相对于现实问题来说是过于理想化了。一个场所的灵魂是其物质环境与体验的事件模式，而建筑师的任务应当是创造场所并寻找其氛围以及过去的存在感，并非单纯解决冲突。

4. 亚历山大虽然在每条模式中分析了文脉，但是如果任何城市环境中都可应用模式原型的话，那不是把文化、历史、地方特色仅仅看成是附加因子了吗？

亚历山大认为事件产生的原因是文化，但是他的模式与文化之间的关系又是很弱的。他的模式得出的普遍规律往往忽视了地方特征。

有些设计其实并没有使用模式语言，但却依然能够取得成功，而若采用了模式语言而忽视了地域环境的特殊性，例如地处东京附近的新埃盛大学主要建筑竟给人欧洲木结构的意味，无疑这个设计是失败的。

5. 模式设计方法如何在一个设计问题中组合浓缩各种模式？

亚历山大并没有在他的理论中叙述如何取舍各类模式，因此它的模式理论无法具有普遍性，依然需要建筑师进行思考与取舍，也故无法取代建筑师的独特想象力。这也是为什么模式设计方法难以在公众中使用的原因。

五、建筑模式语言与本课程的关系

新建筑、旧建筑他们本身就是两种异质同构关系的模式，而旧建筑的改造与再生就类似于合并同类项。在旧建筑中发现一种模式并应用到新建筑当中去。面对时代的发展，建筑不应该是单纯地恢复过去，而是以现代的手法来诠释过去，以批判的地域主义的姿态，达到建筑的永恒。

总结

虽然亚历山大的模式语言尚有许多局限性，且面对形形色色的批评与质疑，我们依然不能否定亚历山大的成就。无论模式语言的哲学基础多么有懈可击，无论方法本身有多少局限性，他们都不失为模式设计方法的实践性和研究成果。它从人与环境的长期观察中得出的几百条设计模式语言，对设计者、设计实践与设计教学都有不可低估的参考与启发价值。就像亚历山大自己的一句话："无论从事什么活动，我们自己必须是充满活力的。"面对复杂而多变的社会，研究一下亚历山大的大理论一定会让我们更好地从事建筑设计及规划。

回归天性之美

周泽龙

100384

7
建筑的
永恒之道

天性是我们一开始就具有的东西，而想要在最后做到超越那些模式语言，去回归本心，回归自由，则需要在之前将这些东西完全记在脑中，并且经过自己的提炼升华之后，才能真正回归本心地去做设计。我们需要了解更多的模式语言，而最后的目的则是为了将这些语言全部抛弃，去产生自己所特有的模式语言。所谓的破而后立就是如此，而破也需要有无可破，胸中对于其概念已经完全吃透了，才能有能力去获得设计上面的真正的自由。

在接触到这本书的时候，我就一直在想着建筑的永恒之道究竟是什么。究竟在这个世界上有没有能够称为永恒的东西存在，因为现在的社会正在日新月异地发展，而称之为永恒的事物或许早就被一项项的革新所消耗殆尽了。

但是在读了本书之后，我逐渐明白了他书名中永恒的意义。他所说的永恒在我的理解之中就是所有事物所具有的天性。试想，如果这个概念是在事物诞生之时即具有的，则称其为永恒还是有着一定的道理的，毕竟在从事物诞生开始到现在这段时间里，它都是适用的，并且一直都和事物一起存在着，从未消亡。

具有生气的语言作为一扇门，而通过这扇门我们则可以通往建筑的永恒之道。

生气来自于什么呢，就是书中一直提及的天性。所谓的天性，根据书中所说，不仅仅是建筑师具有，建筑、城市以及形形色色的结构、构筑都是具有的。遵循天性去产生建筑，根据一些相似的建筑语言，建筑成群，产生了聚落、城市等巨大构造。

书中提到了一个概念，就是无名特质，而用来谈论其的词语达到八个之多，分别是：生气，完整，舒适，自由，准确，无我，永恒。而这些词语在洗尽铅华之后，剩下的也就只剩下平常一个词语。无名特质由这些概念一步步界定和修正，最后又被"平常"二字洗涤，"我曾经看过一个日本村庄的简易鱼池，它也许就是永恒的"，因为组成它的一切都无比地忠于自己的天性。

城市忠于它的天性，它能够更为自由的发展，发展到无我境界。书中举了一个柯布·西耶的例子来作为反例，也就是柯布的光辉都市理念。他的改造城市基本原则是：城市按功能分成工业区、居住区、行政办公区和中心商业区等。城市中心地区向高空发展，建造摩天楼以降低城市的建筑密度。他提出建筑物用地面积应该只占城市用地的5%，其余95%均为开阔地，布置公园和运动场，使建筑物处在开阔绿地的围绕之中。而这种规划却并没有得到实现。书中说出了柯布理论中的不足之处。"比如，柯布西耶以极大热诚和严肃态度创造的著名的绿化加高楼耸立的辉煌城市模式。这种模式，柯布相信，将有可能给每个家庭以阳光、空气和绿地，他花费了许多年在理论和实践上发展这一模式。然而他却忘记或没有意识到：系统中另外有一个重要的力——要求庇护和领域性的人的天性在起作用。高层建筑周围广阔的抽象美的绿色空间不被人利用，因为它们太公开了，它们同时属于太多人了，公寓里上百的眼睛在俯视着它们。在此情况下，这一作用力——一种动物的领域——天性破坏了此模式产生活力的能力。"因为柯布的设计并没有考虑到其中人们使用的天性，导致了他对于城市规划设想的流产。

而在单体建筑中，这本书中也是对于柯布的设计有着一些批判。"甚至象勒·柯布西耶这样"伟大的"建筑师也建造了既长又窄、又在窄小的端部有窗子的公寓——正像他在马赛公寓中做的那样——结果是可怕的眩光和不舒服。"

在书本的最后，作者也是举出了一个例子，来表明没有注重建筑的天性而做出来一个广场。这个位于旧金山的广场具有四个功能，但是这四个功能均没有考虑人的天性对于它的影响，而这就表明这个广场的功能并没有得到利用，彻彻底底成为了一个僵死的布局。最终决定建筑的并不是你赋予建筑的种种作用和功能，而是你自己是否能够脱离那种种模式语言的束缚，而赋予这个空间你自己所具有的自然和平和。

在前文中，作者曾经花了很大的篇幅来说明模式语言在设计中所起到的作用，种种小的建筑要素通过一定的建筑语言，通过一定的模式来成为这个建筑本身所具有的形态和功能。我们也是通过这种种的模式语言来使得建筑本身能够被人所认知。

在书中，空间和事件作为一个整体而出现，而人的活动对于建筑空间的利用和影响是十分重要的。规划师可以在一个区域中划出他们理想中的主要交通干道，但是实际上，这和其中人的活动有着重要的关系，很多时候，建筑本身的发展都是脱离了规划的预想。虽然在大体上面还是按照着规划师所预想的发展轨迹而发展的，而在一些细节上面，则是很大程度上取决于人的行动和思想的。在文中，作者举了一些城市中街道如何产生的例子。很多时候，街道的产生和人的活动密切相关，和人的需求也密不可分，当这些作用力全部作用在这个小型区域上面的时候，一条街道也是顺着人们的愿望而被人们自己开辟了出来。而这，很可能早就超出了规划师所做出的想象。

上文说过了柯布的光辉城市的设想，而下面我们就来讲一讲其余一些城市的发展。曾经看到过很多城市的整体肌理，那种美感和震撼感，直到现在依然深深铭刻在我脑海中。罗马古城作为一个古代的城市，在那个时候并没有城市规划这种说话，但是城市本身还是依靠着人的天性慢慢来形成。而纽约这个城市则是通过了极为详细的规划，分区不说，更是将城市本身通过街道来制造一个个方形区块，使得城市显得十分有秩序。但是在使用上面，罗马的城市更加使人能够回到自然，能够感受建筑和自然之间的交融。而纽约作为一个工业化程度十分高的城市，或许就是需要一种更加具有效率的形式来规划它的城市布局。但是就是在如此布局的纽约之中，肯定也是有着许多细节不随着规划师的设想而展开的。比如某一些区域的功能分布，以及一些空间的联系方式。

不仅城市如此，建筑也是要不断去适应人的天性，以及建筑自己的天性。建筑因为材料所具有的生命周期而获得必然走向死亡的特征。不管是谁，也确实是没有办法创造出一个永恒不变的建筑、永不腐朽的建筑。所以我们也并不是要将建筑完完全全凝固在那个区位上面，而是要用发展的眼光去看待建筑，将建筑本身所具有的光辉在它所拥有的生命中完完全全发挥出来才是我们现在所需要做的事情。

建筑需要去满足人的天性，在文中，作者举了一个秘鲁的例子："我们在秘鲁建造的住宅中，我们把模式建立在人们生活中发现的潜在作用力的基础之上。由于许多作用力是悠久的，我们被引导创造了许多同古代和殖民地秘鲁传统相同的特点，例如每一个住宅设计了一个正好置于前门里边，接待正式客人的"撒拉"，一种特别正规的起居室，和一个在住宅更后面的家人自己生活的家庭起居室（见模式私密性层次）。并且在前门外我们给每一住宅设计了凭眺凹廊。人们可以半在里半在外站着

观看街道（见模式前门凹进处）。这些模式都是和秘鲁传统一致的。人们强烈地批评我们试图走回头路，他们说，秘鲁人的家庭本身在奋力赶上未来，想让住宅像美国住宅一样，这样他们就可以有一种现代的生活方式。"作者还举了一个庭院的例子。他将庭院分为两类，一类是有生气的庭院，而另一类则是没有生气的庭院。我们可以看出，在有生气的庭院中，庭院满足了人们想要和外界交流的天性，而在僵死的庭院中，四周都被封死，人无法和外界取得很好的交流。而这种障碍则会阻止人再次进入那个庭院进行休息或者活动。同样的，对于一个窗前的空间来说，如果仅仅是只有一扇窗来作为与外界交流的媒介的话，人的天性就会产生矛盾，意识所产生趋光性，而另外则是对于窗外景色所怀抱的恐惧。如果不能从较远的地方通过窗户往外看到一些景色的话，这个空间就会变得十分消极，而阻止人去对它加以使用。

同样的，建筑师自己所需要的也是天性。在文中，作者断言，在这个世界上，只有将近 5% 的建筑是由建筑师完成的，而其他的则都是由古而有之的一些规则以及他们所具有的经验、由那些并非专业建筑师的人所完成的。每个人的心中都有自己通过各种途径所取得的模式语言。建筑师内心有，而其他人内心也有。只是建筑大师们拥有的自己的模式语言，都是以个人约估方式凝聚下来的自己的经验。当你拥有的模式语言越丰富，你的建筑也就会变得更多特色，更为出彩。作为个人创作的源泉，模式语言使得建筑师能够进行创造，使他们富有创造力，但是同时也扼杀了这些人对于建筑的创造力。"多数人相信自己不适合设计任何东西，而且确信设

计只适于由建筑师和规划师来做。这种偏见竟使许多人害怕设计自己的环境。他们害怕会犯愚蠢的错误，人们会嘲笑他们，他们害怕会"以低级趣味"做某种东西。这种畏惧是不无道理的。一旦人们从每天对建筑正常的体验中退出来，失去他们的模式语言，他们就不再能够对其环境做出好的决策，因为他们不再知道，什么是真正重要的，什么不是。人们与最基本的直觉失去了联系。"就因为对于建筑的形式化过于追求，才使得建筑的"创新"成为了原来各种模式语言的套用，也就成为了无新意的设计了。

天性是我们一开始就具有的东西，而想要在最后做到超越那些模式语言，去回归本心，回归自由，则需要在之前将这些完全记在脑中，并且经过自己的提炼升华之后，才能真正回归本心去做设计。我们需要了解更多的模式语言，而最后的目的则是为了将这些语言全部抛弃，去产生自己所特有的模式语言。所谓的破而后立就是如此，而破也需要有无可破，胸中对于其概念已经完全吃透了，才能有能力去获得设计上面的真正的自由。

8 像建筑师那样思考

[美]豪·鲍克斯
译 姜卫平/唐伟
山东画报出版社，2009 年 7 月

城市和建筑的设计影响了我们每个人的生活。让建筑环保实用、安全舒适、有效率，并尽可能美观是一个相当普遍的需求。我们时常梦想着我们如何生活、工作和娱乐，95% 的私人和公共建筑来自这些梦想，而专业化的建筑设计仅占 5%。虽然一些非建筑师设计的建筑物看起来美观且实用，但那些拙劣的建筑影响了都市的形象，这表明对优秀建筑设计的理解对创造有活力的建筑和公共空间是何等重要。

为使建造的东西真正成为建筑，我们有三个选择：雇用一个建筑师，成为一个建筑师，或学会像建筑师那样思考，作者相信每个人都可参与创造建筑的过程中去。本书汇集了写给他的朋友、学生关于创造建筑的信件，介绍了建筑应该是什么和起什么作用，如何欣赏好的建筑，如何理解设计过程，如何同建筑师共事，以及如何成为一个建筑师。对那些对建筑和环境有兴趣的广大公众来说，作者解释了建筑如何与城市息息相关、建筑艺术将去向何方以及为何优秀建筑至关重要等问题。

削弱职业建筑师的霸权

章倩宁

080341

章倩宁

080341

建筑师应当珍惜在他开始学习建筑前喜欢的每一个建筑，因为那种感知是真诚的、未经雕饰的、发自内心的。建筑师总不由自主地标榜自己拥有超越常人的审美能力，比如面对一个作品高谈阔论"这种纯粹简洁让我感动"，听到同行的业外人评价"这房子好丑"的时候心里暗自不屑并洋洋得意。这种优越感如此普遍的存在，以至于我们常常忘记了"像民众那样思考"的必要性。

不要迷信职业

我们正目睹，城市建设享受着一种粗暴的、侵略性的胜利，没有前后关系的城市拔地而起。时代过于快速，人类过于上进，栖居的大地失去了新旧对比，缺少了层次，变得雷同又冷漠，曾经天地间俯首可拾使人失声恸哭的感人事物不复存在。老旧的建筑挣扎在城市的缝隙中，因为建设者或者使用者的肤浅而苟延残喘。

《像建筑师那样思考》是我这学期正在修的"旧建筑保护"课程的参考书目之一，正享受晚年的美国建筑师豪·鲍克斯反思了自己职业的一生，提出了"每个人都应该像建筑师那样思考"的建议。

学会自己思考，远优于雇佣一个建筑师来帮助你思考。他们往往职业又自信，却不一定知道你最在乎最珍惜的是什么。

不要迷信职业，要知道，多少刺目或者枯燥的建筑，都出于职业建筑师之手。又有多少动人心魄的文化遗产，为普通人所建。

理解是最困难的事

从一开始我们就知道，站在他们的角度为别人着想是最困难的。巴别塔建造时错乱的语言阻碍了人类的进步，"相互理解"，是几乎不可突破的障碍。

精神矍铄、身体健康的人无法理解病人的痛楚，直到当我车祸后有整整一个星期卧病在床，喝水也需要家人相助时，才浅浅地理解了那种自卑和寂寞。我们穷尽

人类全部的想像也无法理解四维世界的生物所看到每一个视角的宏大和广阔，正如二维纸片人无法理解为何我们能随意从他们身体的内部穿越。所以，一个没有在老建筑生活过的人，又如何体验到它的好？拆迁，拆迁，拆迁，住过老建筑的人越来越少，出于自私的爱而去保护它们的人也越来越少。

除非你的审美高度超越了"小我"，愿意牺牲部分眼前的利益而真正地去爱它，为后人留下每个时代的印记，为后人的研究和寻访捍卫下宝贵的资料。

世界不需要建筑师？

若每个人都能像建筑师那样思考，那他必然拥有得天独厚的优势，因为他无疑比雇用而来的建筑师更了解自己的需求。建筑的思维和自身的追求向往结合，成就了那些散落在全世界各地的美妙村落或小镇，世间最美的场所，不是都得靠职业人士才能建立。

最近的一次感动来源于网上流传的一个相册，拍摄者偶遇了我国西南部某不知名乡村的一个猪圈，仿佛从土地里生长出来一般美丽又优雅，和谐的比例，宜人的尺度，轻钢结构，阳光板，石砌墙，湿窗，各种材料和构造形式完美地对话，有人评价这个猪圈是"卒姆托＋赫尔佐格＋王澍"，立马又有评论表示不只这些。这样大师手笔的作品，竟只是乡村人的随意之作。他们便是鲍克斯笔下那群"像建筑师那样思考"的人。

这般诗意的作品清新脱俗，远离了风格、流派的束缚，诠释了建筑的本真。

鲍克斯晚年居住的墨西哥小城，也是这样一个依靠当地人百年来独立审美所慢慢演变而成的小镇，没有建筑师，家家户户都是自己的建筑师。

去年有部感人的法国动画《魔术师》，讲魔术师并非真正拥有神秘的力量，而是他善于创造惊喜，当生活中每个人都愿为爱的人创造惊喜，制造快乐，那这个世界就不再需要魔术师。若每部电影只记得一个画面，《魔术师》留给我的画面就是魔术师看见小女孩找到了一个彼此相爱的恋人并快乐的生活时，他默默离开，给小女孩留了一张便笺，写着"魔术师不存在"。当人们生活中不缺少惊奇和快乐时，魔术师也就没有了存在的必要。当人人都学会像建筑师那样思考时，建筑师也将不存在。就像鲍克斯定居的墨西哥小镇，建筑师或者规划师，在那里又有何用武之地呢？

珍惜学习建筑前所喜欢的每一个建筑

建筑师应当珍惜在他开始学习建筑前所喜欢的每一个建筑，因为那种感知是真诚的、未经雕饰的、发自内心的。建筑师总不由自主地标榜自己拥有超越常人的审美能力，比如面对一个作品高谈阔论"这种纯粹简洁让我感动"，听到同行的业外人评价"这房子好丑"的时候心里暗自不屑并洋洋得意。这种优越感如此普遍的存在，以至于我们常常忘记了"像民众那样思考"的必要性。

建筑师在他职业生涯的每一个阶段，都该挑几个夜晚注视着夜空，回忆那些在未学习建筑或者未成为建筑师前喜欢的那些建筑，反复地捕捉当时的情感，铭记那些情感，可能会让我的层次更进一步。

像普通人那样思考

《像建筑师那样思考》里记录了作者的

一件往事，他的朋友拉塔内·坦普尔指着一座将要被作者的某个设计而取代的房子，以他特有的坦率对作者说："若不是因为你的空虚，你在这里会非常快乐。"而作者表示他觉得原来的房子非常丑陋，全然没有经过设计。

这种职业与非职业的差异如此明显又普遍存在，仿佛将建筑师和非建筑师划分成了不相干的两群人。鲍克斯的反思，正是希望消除这种界限，削弱职业建筑师的霸权。他不厌其烦地讲述着建筑师的思考方式，弱化着大众和职业建筑师的差别。

当普通大众开始学着像建筑师那样思考，建筑系的学生、老师和从业人员，也应当学会"像非建筑师那样思考"，并非放弃美的追求，而是从理性建造里跳脱出来，回归人文，将人的情感置于高处。建筑史上赫赫有名的大师们，最终都回归普通人的视角，再从那里出发。我们不该把自己独立于世人之外。

正像鲍斯克说："表现良好的建筑物有特点，但是他们不会尖叫着以引起注意；即使是不朽的建筑它们也不会盛气凌人——它们仅仅想成为我们喜欢的建筑物。今天，标新立异的建筑风格目标引起建筑家和评论家的高度重视，但是却使公众战栗。"

多少勤奋又用心的建筑，却成为不了公众喜欢的建筑，它们扎眼又突兀，弄错了出发点。

"流行"是个多么可怕的词语，旧建筑的保护在这个词语前寸步难行。这几年流行把老街拆完，再重建仿制品，从北京的

前门到我家乡的鲁迅故里，无不如此。

在我家乡，到处都大兴土木，拆掉了再建，建满了就扩张。那些颇有韵味的老街区，明明是我们生来的胎记，却常被认作是丑陋的伤疤。

更古老些的建筑命运好些，最可怜的是我父母辈以及他们父母辈时期的建筑，基本已荡然无存，仿佛他们的年轻时代根本没有存在过一样。

我四岁以前随着外公外婆居住，我出生的医院，居住的老房，戏耍的街道，爬树的小公园，剧场，百货商场，邻里，邻家哥哥上学的幼儿园或者小学，整个街区加起来也没有如今一个商品房楼盘的尺度大。两年前，我幼时生活的整个天地，被夷为了平地。寒假时我在再建的工地旁注目，难受地仿佛我的童年凭空消失了一般。

我母亲的高中同学，外出闯事业后很少回家乡，因为当二十年后他们回家，根本就找不到年少时的任何回忆。"家乡"，已不再有吸引力。

这也许就是因为，规划师或者建筑师只以为他们是规划师或者建筑师，而忘记了他们也是从老建筑里出生的普通人。

特有的和谐——浅谈建筑和环境的关系

林璐

080356

比如中西方对古建筑的保护修复态度是很不一样的。西方人认为与古建筑呼应是"投降",在他们眼中古代和现代的界限是清晰的,也是必要的。而在中国人看来,要修复就要修得和原来一样,要还原历史。在我看来,修复中对原有建筑的改造本身也是一种历史,将修复的痕迹抹杀即是对今天历史的抹杀,也是对历史的一种不尊重,同时将旧建筑还原成原貌也是和周围新环境的一种对立,一个脱离环境的建筑是没有特色的。

《像建筑师那样思考》中有句名言讲得很好:"通常情况下,设计一个东西要把它置于下一个更大的背景中来思考——房间中的椅子、屋子里的房间、环境中的屋子、城市规划中的环境。"

——埃利尔·沙里宁(1873—1950)

当今的城市都变成了复制品。江南的粉壁青檐、西北的红墙黄瓦、上海的殖民风情都在一点点殆尽,取而代之的是同样的高楼和喧嚣。我们或许很难再透过一座城市的建筑看出她的历史人文、感受她的风土民情、地理环境以及居民的精神世界。

当今城市化导致了很多大城市传统建筑的变迁,城市特色的渐弱,城市历史形象的被破坏。城市化的愈演愈烈使新建筑变得雷同。大多数新建筑不可避免地成为了冰冷的商业产物,都以相近的面貌和模式拔地而起,冷酷无情,将城市应有的独特面貌踩在脚下;同时城市化也导致了旧建筑的消逝,这是有目共睹的,虽然还是有部分旧建筑被划入保护范围,但是其所处的环境和其本身能否协调也是一个很大的难题。

不难看出,不够重视建筑与环境的关系是现代建筑一个很大的问题。建筑师们更愿意体现自己的个性,很多时候忽略了建筑与环境的关系。这里的环境除了指建筑所处的地理环境外,还包括建筑所处的历史环境和精神环境。这三者都是不可忽视的。在物欲横流的今天,我们似乎更需

要建筑的历史性和精神性，更迫切地需求一种"短篱寻丈间，寄我无穷境"的精神性物质载体。

所以我觉得有必要学习重视有关建筑和环境的内容，更好地将建筑融入大的环境中，使其有存在的价值，而并非与环境脱节，多它不多，少它不少，不痛不痒，不为环境增色，也不争取自身的价值。

以下浅谈一下建筑与环境的关系。

在这里，环境是可以无限放大且非常复杂的，往小了说可以是一个建筑，可以是一个建筑群体，也可以是整个城市，甚至整个地球，同时它不仅仅指地理环境，它也包括建筑所处的历史和精神环境。但是只要我们本着和谐和服从的原则，就可以处理好建筑与其的关系。亚里士多德说过："整体大于它的各部分的总和。"无论做什么，包括建筑设计，各个局部都是要服从于整体宗旨，局部是从整体出发而存在并服务于整体，使整体更完善的。所以，单体建筑处在一个建筑群中，处在一个自然环境中，处在一个大城市中，都只是一个局部，应该从整体环境出发考虑，不应喧宾夺主破坏整体的结构。有时一幢建筑单独来看并不完善，甚至平淡无奇，但由于建筑群和大环境的相互作用，反而会使其在总体环境中显得协调得体。

其中的和谐应该包换两层含义：一是空间上的和谐，一是时间上的和谐。也就是说这种和谐是四维的，是一个"时空坐标系统"。建筑师具有生命的艺术，是一个变化的载体。赖特说过："建筑是可以生长的。"随着时间的推移，建筑的材料等等都会变化，又或者建筑有可能改建，与此同时周围的环境也是在变化的，建筑的变化能否和环境的变化相协调，能否"不过时"？

都是很考验建筑师的地方。成功的建筑师是具有前瞻性的，能预想到这种变化并将其考虑到设计中去。

这点在对古建筑的修复改造中也很能体现。比如中西方对古建筑的保护修复态度是很不一样的。西方人认为与古建筑呼应是"投降"，在他们眼中古代和现代的界限是清晰的，也是必要的。而在中国人看来，要修复就要修得和原来一样，要还原历史。在我看来，修复中对原有建筑的改造本身也是一种历史，将修复的痕迹抹杀即是对今天历史的抹杀，也是对历史的一种不尊重，同时将旧建筑还原成原貌也是和周围新环境的一种对立，一个脱离环境的建筑是没有特色的。所以在欧洲，我们总会觉得新老建筑之间的关系总会很协调，因为旧中有新，新中带旧，新旧是相互渗透的，他们将特色和个性消融在建筑环境的整体特色之中。个体建筑的特色美一旦离开了环境整体，那也就等于取消了特色。所以在中国多数地方，旧房子和新房子彼此都觉得扎眼，新旧割裂导致整个大环境的割裂失调，生硬得叫人难受。

上面谈的是古建筑的改造修复，其实新建筑更是如此。城市中的新建筑很多都是大家伙，一旦建成了立在那里就是几十年甚至上百年一动不动。所以对此建筑师更应该深思熟虑。还是那个问题，建筑所在的文化环境。就如开篇讲的，现在的城市都是复制的，都是千篇一律的。或许上海的明信片还能印印东方明珠什么的，还是有识别度的，是因为它可以作为中国最繁华的大城市被人们接受和认知，但那些新兴的或者不够知名的城市该用什么作为自己的名片呢？城市失去了自我，也就没了味道。不是放在哪里都成立，这个地方的建筑就该有这个地方的味道，它才是有价值的。"味道"来自哪里？这个地区的历史和传统。

精神环境和历史环境其实是相关联的，说白了，就是要有特色，就是要有地域性。一个地区的精神面貌和这个地区的历史传统是密不可分的，一个体现了地方历史特色的建筑往往也能投射出地区精神风貌的影子。

总而言之，建筑应该有地方特色，与环境协调。在环境这个大前提下，发挥自我的表现才能，才会有更广阔的天地。优秀的建筑作品，既不应该威风凛凛，也不应该可有可无，而应该与环境一起生长。

协调并不是单单只求形式表面的相同或相近，建筑环境美的奥妙在于结合，协调是一种结合，对比也是一种结合。造型奇特、个性张扬的建筑也并非一定不成立。只是它得在特定条件下，在与环境的强烈对比中去求得整体美，从而创造一种多彩的效果。建筑环境艺术的主旨不但要创造和谐统一，而且要创造丰富多彩。

当今社会人们精神灵魂的失落与回归已经是一个无法回避的话题。建筑师应该创造能够给人以精神安慰和精神享受的空间环境。让建筑更多地融入我们生存的大环境，不只是地理上的也是精神上的。

关于建筑的 Special Touch

谭杨

090305

Box 在书中有很感人的一段，他在当建筑系主任给学生上城市规划的课程时，有很多超前的思想，和当时的规划法相右，"我现在和大家讨论的都是违法的"。但法律只适用于此时此地，可能有些条文早已过时，而作为建筑师、规划师、城市建设者的思想却应该是不受制约的。Frank Gary 曾说："建筑物应该能代言它所处的时代和地域，却又渴望永恒。"恰恰是蕴含于建筑中的人类的思想跨越千年，走向了永恒。

Touch 在英语中是触碰之意，引申为触动、感动，还可以理解为打动别人或是获得成功的独门秘籍，正如每个美国妈妈都有做苹果派的 special touch。作者 Hal Box 在书中感性的笔触，很是 touching。Box 从事建筑实践与教学工作五十余年，退休后隐居在墨西哥一个 18 世纪的历史小城里，回顾这半个世纪的建筑生涯，其间感触娓娓道来，建筑师的心境历历纸上。

悔不当初，大一时不喜读书，久久难以融入这个专业。现在看来，这是一本入门学习的好书。Box 摸爬滚打多年，老来回首，其中初出茅庐的热情、渐入中年的理智以及更深层次的对建筑学的本质的思考都能引起建筑学子强烈的共鸣。

庆幸的是现在再看，也是对自己大一、大二两年专业学习的自我总结，其间成长蜕变渐渐清晰。

一、观察建筑的"鲍十条"

从初来乍到，到后来可以滔滔不绝地向别人介绍上海的城市变迁、徽派建筑的林林总总，随着专业课的开展，我和同学们奔走在江浙沪的土地上，感知着不同风格、不同年代的建筑。

因为专业的缘故，就算是放假游玩，全身的雷达都高度警戒，仿佛得了某种强迫症一般，寻找了各种细部，精神时刻保持着兴奋状态。渐渐的，也形成了自己的一套方法，就像风水先生相地一般，先里里外外兜一圈，上上下下、左左右右地打量一遍，做到平面布局在脑中简单合成。

关于符合学习和观察的地点和触感空间，Box 总结了一个"鲍十条"：

历史背景、光线阴影、空间变化、结构、材料、建设过程、历史先例、空间趣味性、城市设计以及这座建筑的 special touch。

在 Box 的笔下，建筑不再是一座冷冰冰的房子，它是一个有血有肉的叙事者，而作为观者，我们像"望闻问切"般细细品味，看着它岁月流逝间的皱纹和老当益壮的坚挺。

"在墨西哥，如果一座建筑即将封顶落成，参加建设的人员将拿着手工制作的装饰着绸带和鲜花的十字架列队去泥瓦匠的守护神——圣安娜教堂中祈祷得到保佑，然后神情庄重地回到原地，把十字架放在他们正在建设的建筑物顶端的显著位置。"

这段描写与中国木构古建的"上梁"落成十分相似，都是出于手工艺人对于建筑的一种崇敬与热爱，象征着人们的美好情愫，这建筑中的每一处都是反复打磨抚摸的，也许怀着这样的心情与敬畏才是不朽建筑的不二法则吧。

随后 Box 冷冷地抛出一句：建筑艺术离开建筑了吗？

二、对于现代主义思潮的反思

建筑艺术离开建筑了吗？这是 Box 对于现代主义一统天下的深刻反思。

首先，他引用了几本词典中对于建筑艺术的释义，最喜欢的是尼古拉斯·佩夫斯纳在对其著作《欧洲建筑纲要》进行介绍时下的定义：

"第一、审美感受可能通过对墙壁、窗户的比例、墙壁空间与窗口空间、楼层之间、装饰之间的关系的处理来获得。第二、把一个建筑物的外部设置作为整体来处理，从审美的角度来看是很重要的，包括各部分之间的对比，一个有坡度或平坦的屋顶或一个圆顶产生的影响，突出和凹陷的节奏变化。第三、对我们感官的影响，包括建筑物内部的设置、房间的顺序、交叉处门厅的拓展以及巴洛克式楼梯的雄伟移动。在上述三种方式中，第一种是两维的，这是画家的方式。第二种是三维的，它将一座建筑物视为一个容器，一个可塑体，这是雕刻家的方式。第三种也是三维的，但是它更关注空间，这是建筑师区别于别人的方式。"

从一个建筑系学生的角度讲，这三种方式也是初学时对于建筑的一个渐进的认知过程，从大一时涂鸦般的自娱自乐到三维空间的组织游戏再到有了具体功能的、伫立在阳光风雨中、能被实实在在感受的空间，也是一个从作画、捏泥巴到塑造空间的一个过程。

关于功能，沙利文的"形式追随功能"人尽皆知，但光、风、雨这些自然因素对于建筑的影响以及如何介入到建筑设计中则是有些费解的，Box在"神话"这一章中做了精彩的阐述。个人感觉"神话"的翻译可能有些出入，但作者强调的应该是建筑应该带有一定的叙事性，唤起情感，提供超出建筑学的意义。此时，建筑不再是沉默的，它低低地诉说着岁月的风吹雨打。而这种图解程序，随着现代主义的出现而消失了。

在举例现代主义建筑对城市房屋的干扰时，用的是迈耶的乌尔姆展览馆及会议厅的照片，有趣的是，王方戟老师在讲述自己参观路过迈耶而不入时，评论道"漂亮得只剩下美了"。

Box在读书时期经历了现代主义的兴起，当时正逢战后快速建设的需求，但现在回头细数这段发展之路，似乎忽略了对于建筑"神话"的特质、对于Special touch的追求。

在我们初入大一时，接受的教育也有此倾向，但当时"只缘身在此山中"，不知不觉罢了。现在后知后觉，现代主义不应是建筑的唯一出路，地域主义、后现代主义都是对未来建筑的尝试。因而跳出这一现代主义的局限，视野才能更开阔。

三、美国大城市的死与生

Box对城市规划的思潮进行了回顾，这一章有种像简·雅各布斯致敬的意味。

"这六个逐步形成的概念——迁进迁出、联邦房屋管理局融资和标准、柯布西耶的想象、赖特的想象、功能的分区独立以及高速公路系统——形成了空间分离的居住、分离的家庭区、分离的商店、餐馆、娱乐场所和办公室，最终改变了我们的生活方式。我们的城市形式概念已经变得很模糊，以至于现在我们在汽车中需要GPS的帮助来确定我们身在何方，去往何处。"

想起近期的一个趣闻，三个日本人驱车去一处旅游胜地，在GPS的导航下，开到了大海中，新闻中一辆车孤零零地漂在海上。我们对于导航的依赖可见一斑。

近年来，CBD、卫星城概念兴起都源于这个分区概念，但实际的情况往往是死城一方，CBD在夜晚降临时成了犯罪高发区。

最初，美国的俄亥俄州为了将污染工业搬出市区而制定的分区政策，最终彻底改变了我们的城市生活。距离越来越远，速度越来越快，步行变得越来越不切实际，城市孤单地挣扎着开始新的生活。

"历史名城是一种内部具有空旷区域的固体形式——建筑是固体，街道和广场是空旷区域——相反，现代化城市是一种里面充满固体建筑物的空旷的形式——空间是街道、公园、停车场以及建筑周围的所有风景区。"

对于历史名城和现代化城市的区别，Box 的理解很有老子的空间论的感觉——"凿户牖以为室，当其无，有室之用。故有之以为利，无之以为用"。"空"是因为"有"的围合界定，才让人产生安定感停留感，正像历史名城是一种步行浏览、徜徉其间的感受；相反，现代化城市街道的尺度过大，没有完整的界面，像锯子板参差不齐。在中国

现代化的进程中，城市设计的理论还在探索之中，偏好于大马路的建设，对压线率的不重视，造成了现在很多城市难以形成宜人的街道。看过一张曼哈顿的日出照片，朝阳从两侧建筑之间吞云吐雾、喷薄而出，算是自然与人为景观的完美结合吧。

建筑退界的法规应视情况进行适当的修改，在我们茂名路威海路交接处的博物馆设计中，茂名路 3 个连续的里弄形成了非常完好的界面，但碍于退界，新设计的博物馆不得不突然后退，和原有里弄产生了一定的断裂。

Box 在书中有很感人的一段，他在当建筑系主任给学生上城市规划的课程时，有很多超前的思想，和当时的规划法相右，"我现在和大家讨论的都是违法的"。但法律只适用于此时此地，可能有些条文早

已过时，而作为建筑师、规划师、城市建设者的思想却应该是不受制约的。Frank Gary 曾说："建筑物应该能代言它所处的时代和地域，却又渴望永恒。"恰恰是蕴含于建筑中的人类的思想跨越千年，走向了永恒。

Box 这本小书语言力求简明易懂，他认为这世界上 99% 的建筑都是由非专业人士建造的，因而这是一本写给业余爱好者的书，但正是这份热爱显得难能可贵。其中讲到菲利普·约翰逊，35 岁才进入建筑系学习，此前他是一个成功的博物馆馆长，后因玻璃自宅成名，成为了 20 世纪富有传奇色彩的建筑师之一。同样是因为这份热爱吧。所谓爱建筑，才能做好建筑吧。

这是一本值得反复读的书。

再谈建筑中的理性与感性

张润泽

103658

Louis Kahn 曾经说过："伟大的建筑必定始于不可量度，必须经过可量度的设计过程，最终完成于不可量度。""思考"本身不可度量，但基于实际的研究是一种可度量的"思考"。因此，建筑的过程就是建立思考依据的过程，而这些依据的选择因人的个性而异，因项目的限制而异，因推进的方向而异，因研究的深度而异。

看完这本书突然让我有一个冲动去里里外外仔细反思自己，审核自己是如何思考的。

其实建筑归根结底就是艺术性和非艺术性的结合，是一种在理性和感性中寻找平衡的过程，但是这个平衡点似乎没有规律可循。建筑实则是一个基于经验的领域，与其说理性和感性的拿捏，不如说就是经验告诉你什么时候要按部就班，什么时候要天马行空。

所以向建筑师那样思考，第一步就是要学会反思，学会总结经验，尤其是反面的，知道自己为何会纠结，为何会迷失，为何会犯错……

在自己的思维里，生成建筑的过程中，总是不先将所有的客观不变的条件分析透彻，例如没有分析场地研究出一个人车流线规划，就匆忙定下建筑的位置；还没有将空间的体量大小研究好，就开始玩造型；或索性抛开一切，直接从形式入手再把功能嵌套进去……这正是为什么我在做一个方案时浪费了很多时间的要因，就是缺少了先对一个项目的客观条件进行逐一分析的过程。

想法不切实际，太主观臆断，很多时候我们太爱"思考"，总在"思考"这样那样的空间感受，但实际上是否真正可以达到预期的效果，往往无法得知，甚至大多时候答案是否定的，这是因为我们看得太少，接触得太少，很多东西凭想象是没法站住脚的，这也是为什么前期我们要大量的案例分析，大量的研究，找到并发现什

么是实际存在的，什么是可能实现的，又有什么是需要改进的。基于这些的想法不仅正确，而且很容易会在这些分析研究和总结中自然而然地生成，不用煞费苦心地纠结半天却只是空中楼阁。

另外，总任凭自己的思想迸发出新的火花，而这些火花星星点点，却毫无关联，更可怕的是我们总试图将这些毫无关联的想法使劲拼凑到一起，整合到一起。当得到一个想法时，应该要试图努力发掘这个想法与建筑之间的内在联系，当建立了联系之后，就沿袭着这个联系继续推进，在这个过程中尽量不能再有新的有别于第一个想法之外的联系去牵绊左右，并且，更重要的是，甚至要忘了第一个想法本身，而只是将那个"抽象"的联系成为整个推进过程的导引，在过程中

不断加强它。比如我想到了一个概念是"侵蚀"，"侵蚀"这个想法有很多个点可以发散，与方案的联系也可以多种多样，这时可以开始研究并发现一个最合适最有发展前景的联系，比方说侵蚀的物体是外部空间，被侵蚀的是建筑体，"基于外部空间的连续性生成逻辑"就可能是这个内在联系。那么这时联系一旦建立，就要把"侵蚀"这个想法忘了，基于外部空间的连续性对建筑主体的生成进行研究和推进，就是说这时不能有另外一个不同的大层级下的概念出现，所谓的主次不清就是因为并列的诸多想法在不同的研究层级中影响了最终要表达的主要内容。

像建筑师一样思考，要学会理性地推进过程。

Louis Kahn 曾经说过："伟大的建筑必

定始于不可量度，必须经过可量度的设计过程，最终完成于不可量度。""思考"本身不可度量，但基于实际的研究是一种可度量的"思考"。因此，建筑的过程就是建立思考依据的过程，而这些依据的选择因人的个性而异，因项目的限制而异，因推进的方向而异，因研究的深度而异。显而易见，一个建筑的差异全在于不同层级的问题研究过程中想到了什么样的点子，又建立了什么样的联系，这个过程完全不可

度量，但是这些层级的推进方向是必然的，即基于相同的可度量设计过程。

这样分析下来，正如书中所说的，一大部分的好建筑都来自于非建筑师出身的人。那是因为，在不可度量的部分需要各种奇思妙想的联系和想法，往往那个大层级的概念或者说设计的出发点是建筑师的最大软肋，因为我们总思考得太建筑。

最终，像建筑师那样思考，要学会不"建筑"地思考。

一份关于三年建筑学学习的重新思索

江文津

109835

像建筑师那样思考

每幢建筑都有它的故事，设计它的建筑师为它所付出的努力总能在我们的意料之外，声音在建筑中如何回响，光线如何在建筑内滑动以及来回跳跃，以及它在人类建筑史上的位置，它为何唯一……用自己的能力去读懂它，而后再做出自己的判断，不要从一开始就带着强烈的个人主观色彩去评判它。

写在最前……

作为一名四年级的建筑学学生，好像已经习惯整日忙于方案里的生活，对于我，已经好久没有静下心来好好读过一本书，即使看，也只能算是浏览，在海量的信息里，寻找一点对于自己方案有帮助的东西。记得刚入学时，老师推荐了好多书目，那时的心情是忐忑的，但又充满着期待，依稀记得那时对于建筑学零经验的我，翻起那些书，心里也是浮躁的，现在想想，当时只能算是看过，不能算是看懂，或许当时感慨颇深，如今想来也只是皮毛吧。三年时间一晃而过，在忙碌的生活里，自己必然是成长的，关于艺术修养，关于历史理论，关于设计经验，看过的期刊杂志，规范图集，林林总总加起来也不少了，可是已经好久没有静下心来，从头至尾，细细品读一位建筑前辈，在我看来是从建筑最源头的地方，向我们传达出的一份温暖。

我必须承认，读罢这本书的那种感觉是酣畅淋漓的，过程中时而会产生和作者共鸣的惊喜，时而收获新的理解与感动，相信这种感觉绝对不同于三年前的兴奋，这是一种关于自己学习历程重新的思索，从前的很多疑惑，或者很多说不出来的感受，亦或是关于建筑模糊不清的理解与见解，都在这本书里找到了肯定或者更正，惊喜，感动，温暖……或许在若干年后，我再重新读过，相信那时的感受，怕是又

要和今天不一样了吧？

理解一个建筑

"对于一个设计师而言，'训练你的眼睛'和运动员进行身体素质训练一样重要。寻找一处与众不同的建筑或者你个人熟悉的建筑，尽情地欣赏它的美妙，体会它的空间感觉，体味它带来的喜悦，发现它的惊奇，这或许是真正的刺激，或者可能就是一件美好的事物，仅此而已。然后深入思考，研究你们体验的东西，研究这座建筑已经出版的平面图和剖面图，在研究中了解人们建设这座建筑的目的，以及是怎么建造的。"

——摘自"第一部分 地点 梦想与视觉"

这时才发现自己，至今还没有做过一件成为一个建筑师应该做的事情，虔诚地和一座伟大的建筑对话，或许也不一定是伟大，每一个建筑的存在都有它的合理性与必然性，每个建筑在建造的过程中，参与其中的每个工匠，谁没有拿出自己看家的本领？回忆起低年级的认识实习，自己也曾和很多优秀的建筑近距离地接触，然而现在想想，却是留下了太多的遗憾，记得书中这样写道：就在我走到交叉通道，抬头看到壮丽明亮的染色玻璃和石头窗帘构成的圆形时，巨大的圣坛突然响起维铎的托卡塔曲。它是如此震慑人心，摄人心魄，我几乎无法站立，眼泪夺眶而出。这甚至超越了梦想——我简直激动万分。相信这是一种心灵和建筑得到共鸣的最高境界吧，自己羞愧不已。

每幢建筑都有它的故事，设计它的建

筑师为它所付出的努力总能在我们的意料之外，声音在建筑中如何回响，光线如何在建筑内滑动以及来回跳跃，以及它在人类建筑史上的位置，它为何唯一……用自己的能力去读懂它，而后再做出自己的判断，不要从一开始就带着强烈的个人主观色彩去评判它。

一直记得这样一件事，二年级的时候和几个学长无意间讨论央视大楼，我带着一丝不屑地随意评判了它，他们反问我，你去过那里吗？你真正了解它吗？的确，我只是从海量的报道中摘取了只言片语，就这样随便下了定论，在后来的学习中，我了解了库哈斯，了解他的生长环境，了解了他的"广谱城市"，了解了他对于城市与建筑前瞻性的定义，以及后来，大三认识实习时我真正去过了CCTV新台址，身临其境，仰望着它。巧合的是后来的模型制作课上，真正做了一个按比例缩小的CCTV，包括内部空间的精心制作，终于理解了这幢建筑的种种，后来对于社会上关于它的各种评论，再也不会随波逐流，因为从心底里，对于它已经有了发自自己内心的定义与理解。

关于"创新"

"20世纪初，设计方向上的一个戏剧性变化毁灭了建筑师……

我们被告知，我们必须不带任何偏见地从一张洁白无瑕的纸上开始创造我们的设计——创新。从理论上讲，那是一块干净的石板，在那块石板上只存在现代主义的意识形态。而近百年来，建筑师很少质疑过现代主义。古典资料书籍，比如贾科莫·维尼奥拉的著作《建筑五大柱式的规则》，已被束之高阁，上面布满了灰尘，它

们原来所在的位置上，摆上了以"现代大师"为主题的图书。

……我们这些现代主义的学生一心想追求更新的建筑，没有学习古典主义的比例和构成这些基础的东西，而这些东西正是现代主义的创始人在他们接受教育时学习的内容。"

——摘自"第一部分 地点 在建筑中探索思想"

作者花了大量的篇幅探讨了20世纪初，现代主义对建筑造成的巨大影响，创新成为唯一的设计方向，对于创新，在他作为老师时，或尊重或容忍，在建筑新闻中只有创新才有新闻价值。没有创新则意味着是派生的；所有事物都必须是新的，每一个项目都要从新的起点开始。我不认为自己关于建筑历史的学习可以对那个时期的建筑与建筑师妄下评论，但是作者的一句话让我感触很深：我们这些现代主义的学生一心想追求更新的建筑，没有学习古典主义的比例和构成这些基础的东西，而这些东西正是现代主义的创始人在他们接受教育时学习的内容。

回顾自己的设计历程，记得自己第一个真正名义上的建筑设计，最强烈的出发点不是功能的协调（或许也是因为当时的建筑功能不是很复杂），虽然现在来看，这是一座优秀建筑必须具备的条件之一，但当时急切想做一个"创新"的建筑，用与众不同或用出其不意等一些炫目的词汇来形容它，当然，依然还是要满足建筑最基本的条件，虽然当时那样想是极大的不成熟，但是值得我庆幸的是，从一开始我有了创新的欲望。然而随后的设计学习中，我开始慢慢发现，在没有积累、没有知识

储备、没有对现有的建筑发展有了解的情况下，是无法做出一个令人信服或者真正可谓"创新"的设计的。

现代主义大师对世界建筑历史造成了巨大影响，或许很多人认为与那段历史脱节了，和从前的一切撇得一干二净，人们争相模仿的同时，却忽略了一件事，大师也曾经受过传统的古典建筑训练，是基于他们对于古典建筑的充分理解与把握，他们才有能力，才会创造更适应社会发展、更适应人类生活的新建筑。

想起自己后来逐渐成熟的课程设计，自己最引以为傲的习惯便是，每次在下第一笔之前，总会查阅很多资料，可能有关此类建筑的历史和发展，此类建筑的规范条例，更重要的是很多人对它未来的发展期待等等，了解这些，自己才肯慢慢加入自己的想法，不至于让自己的想法过于幼稚可笑。当一切都熟稔于胸时，总是会突然发现，自己的方案早已在心中慢慢成形了，虽然它肯定有着许多的不合理与不成熟，但是"往往我们的第一个念头很可能是最好的，尽管我们还没有进行一系列的分析"。记得牛顿曾说过："我之所以成功，是因为我站在了巨人的肩膀上。"用这句话来概括，想必也很贴切吧。

建筑与艺术

"要实现一个专业建筑师的抱负，就必须具备三个鲜明的个性，每个个性又有各自独立的价值体系，建筑师是：（1）一个艺术家，（2）一个牧师（3）一个生意人。它们的价值观念总是冲突的，却又必须以某种方式实现和谐，这不容易。

"在每一个建筑物中，除了围护空间之外，建筑师还要模拟容量，规划表面，即设计一个建筑外部，为每个墙面设立布局。这意味着一个优秀的建筑师除了要有他自己的空间想象力外，还要具备雕塑家和画家的视觉模式。于是，建筑就成为所有视觉艺术中最为综合的艺术，而且比其他艺术更胜一筹。"

—— 摘自"第一部分 地点 在建筑中探索思想"

刚开始学习建筑学时，就开始了解，建筑是技术与艺术的叠加，或许只是粗浅的理解吧，对于低年级的美术课，心里一直有着某种不解，将来又不用我们画画，我们又不是要做艺术家，何必要花如此多的精力去做这个呢，而且占用了我大量的时间去完成一幅画，后来我慢慢懂得，它的目的是为了培养一种艺术的修养，建筑师虽然不是画家，但他依然要会通过对墙壁、窗户的比例，墙壁空间与窗口空间、楼层之间、装饰等等之间关系的处理，来为人们带来不一样的审美感受。

记得那次笑谈，在做住区设计时，我们在讨论规划结构、户型空间诸如此类，我们在想可以为住户营造怎样的空间环境，创造一种怎样的生活，突然聊到了现实中买房的问题，或许当我们真正作为一个使用者时，关注的可能只是地段、房价、朝向、采光了，关于空间，关于这座建筑的窗户比例、装饰、屋顶、内部的设置、房间的顺序可能就不在考虑范围之中了。或者更实际一点，现代主义备受欢迎的显著优点过去是——现在也是，它很便宜，便宜使它立刻流行起来，因为人们可以利用大楼建设预算去做出盖楼之外的各种各样的事情，获得的利润暴涨。造价低廉的大楼使用年限越短，它越能提供更多建造新楼的机会，现代主义理论经常说的廉价，为开发商、银行家、建筑行业带来了恩惠，至少在短时期是这样的。

的确，当我们环顾四周时会发现，我们所在的城市环境大多数不再具有吸引力，也根本不能代表我们所喜欢的文化。任意建造的建筑物分布很广，杂陈于精心设计的建筑之间。其实，我们可以做得很好，我们的街道，我们的建筑为何不可以赋予艺术的美感，相信这就是我们的责任，供人们生活、工作或居住的建筑组成了一种艺术形式，让人们徜徉其中，担负着这种审美责任。

建筑师的快乐

"成为一个建筑师真正的快乐来自于你的大脑和体内获得的体验——当你充满创造活力，当你思路清晰地解决了一个复杂问题，使事情取得了比你预想的还要好的结果时；或者来自于你的感觉——当你将从学习、旅行和经历中辛苦得来的知识运用到创造性的过程并接近完美时，或者当你清晨时分来到建筑工地，浑身起鸡皮疙瘩时。

"像建筑师那样思考，意味着会有一些神奇的事情发生，真的，设计过程对建筑师的工作来说是神奇的，重要的—— 一种对信息、灵感、巧妙方案的简单、合理的追求和一种表达的方式，你可以将设计过程看做是在艺术的范围内创造性地解决问题—— 一种包含功能并由功能所界定的艺术。"

——摘自"第二部分 地点 成为建筑师"

书的第二部分是让我最感动的地方，作者阐释了一段完整的设计过程，而且更令人激动的地方是很多地方都和自己做设计的亲身经历有关，设计之初，我们的新想法，文中提到了马尔科姆·格莱德维尔在其著作《闪烁》（纽约：利特尔布朗出版社）告诉我们，我们的第一个念头很可能是最好的，尽管我们还没有进行一系列的分析。我也一直坚信这一点，无论遇到怎样的困难，都希望可以将它修改成一个出色的方案，因为设计过程是一段连续的、完整的思考，即使真的到了需要换方案的时候，那我也会延续之前的思路，因为我坚信之前的想法与坚持是基于一个理性、合理的基础上，我需要做的可能只是换一种表达方式，我不认为这是一种偏执，当然，也存在中间需要修改、调整的地方，我只是认为一段完整的设计需要一个强大的内在贯穿始终，它可能是你要坚持的思想，可能是你最初的灵感，只有这样，才不会在这段漫长的设计过程中失去原本的坚持。

我能体会到作者那份关于设计的快乐和激动，建筑设计虽然说是一个需要充满创造、充满艺术的过程，然而它毕竟不能像一个真正艺术家一样，可以不受任何限制地在一块画板上，或者是一块石头上施展自己的艺术灵感与才华，建筑师总是会受到多方面的制约——规范条例、基地概况、经费预算、甲方的种种等等，然而一位优秀的建筑师总是会有自己的理念、原则或者坚持，他总是可以用自己的智慧协调好种种，最终的方案也许单独来看不是最出色的，但是它却是结合众多因素考虑最合理的。当进行了一连串的思考、反复调整与更改，当一个可以解决大多问题的方案出现时，那种欣喜与感动应该是每个真正做过一个完整设计的建筑师或者一个建筑学学生都能体味到的。